U0309406

GPS/INS/星敏感器
六自由度建模与仿真

在CADAC＋＋中对一枚三级固体火箭进行NGC仿真

Modeling INS/GPS/Star-Tracker in 6 DoF：
Simulating N&G&C of a Three-Stage Solid
Rocket Booster in CADAC＋＋

［美］ 彼得·H·齐普费尔（Peter H. Zipfel）　著

张旭辉　陈洪波　谢泽兵　等 译

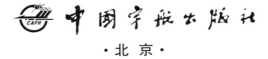

中国宇航出版社

·北京·

Translation from the English language edition:

Modeling INS/GPS/Star-Tracker in 6 DoF: Simulating N&G&C of a Three-Stage Rocket Booster in CADAC++

edited by Peter H. Zipfel

著作权合同登记号：图字：01-2018-5834号

版权所有　侵权必究

图书在版编目(CIP)数据

GPS/INS/星敏感器六自由度建模与仿真：在 CADAC++
中对一枚三级固体火箭进行 NGC 仿真 /（美）彼得·H. 齐
普费尔（Peter H. Zipfel）著；张旭辉等译. -- 北京：
中国宇航出版社，2018.9

书名原文：Modeling INS/GPS/Star-Tracker in 6
DoF：Simulating N&G&C of a Three-Stage Solid
Rocket Booster in CADAC++

ISBN 978-7-5159-1528-9

Ⅰ. ①G… Ⅱ. ①彼… ②张… Ⅲ. ①航天器—姿态飞
行控制—敏感器件 Ⅳ. ①V448.22

中国版本图书馆 CIP 数据核字（2018）第 205747 号

责任编辑 舒承东　　**封面设计** 宇星文化

出版发行 中国宇航出版社

社　址 北京市阜成路 8 号　**邮　编** 100830

（010）60286808　　（010）68768548

网　址 www.caphbook.com

经　销 新华书店

发行部 （010）60286888　　（010）68371900

（010）60286887　　（010）60286804（传真）

零售店 读者服务部　　（010）68371105

承　印 河北画中画印刷科技有限公司

版　次 2018 年 9 月第 1 版

2018 年 9 月第 1 次印刷

规　格 787×1092

开　本 1/16

印　张 8.5

字　数 201 千字

书　号 ISBN 978-7-5159-1528-9

定　价 128.00 元

本书如有印装质量问题，可与发行部联系调换

《GPS/INS/星敏感器六自由度建模与仿真》
翻译工作人员名单

主　译　张旭辉　陈洪波　谢泽兵

译　者　李永远　何超凡　张月玲　孙　光　朱如意

　　　　张春阳　吴俊辉　王　征　袁利平　王颖昕

　　　　李一帆　李　洋

序　言

　　我终于有时间与各位分享从 20 世纪 80 年代开始研究的一个主题。全球定位系统已成为许多航空航天飞行器的核心，它常与惯性导航系统组合，有时也用星敏感器辅助导航。在为美国空军做项目的同时，我也曾在佛罗里达大学教书，学生和工程师都渴望学习这种新技能。

　　理论与应用相结合，将带来更深入的学习体验。本书将 GPS/INS/星敏感器的建模应用于三级固体火箭的高逼真度六自由度仿真。构建该仿真耗费了多年时间，期间从美国空军火箭专家那里得到了不少帮助。尽管建模方案具有普遍性，但它的质量特性、气动特性和推力特性是相对真实的。在此基础上，我补充了导航、制导和控制部分。

　　如果你是一个新手，当你面对 C＋＋程序设计与新技术及其专业术语、复杂数学方法、多种坐标体系、张量和矩阵理论相结合时，你将有乘坐过山车一般的体验。如果你已经在这个领域工作过一段时间，你将感到得心应手，并有会心一笑的时候。你将享受这次旅程，看我如何挥舞一些曲线，并插上面向对象编程的翅膀。

　　准备好开始一次令人兴奋的学习旅程吧。我将尽我所能地把它描绘清楚。本书中的建模仿真将给你带来快乐。

彼得·H·齐普费尔

2015 年于沙利马

前　言

本书针对 GPS、INS 和星敏感器的融合给出了一种统一处理方法。基于扩展卡尔曼滤波，INS 将 GPS 和星敏感器的传感器数据进行融合。自 20 世纪 80 年代末以来，它就已经在航空航天领域发挥巨大作用，许多文献资料已经对此进行了论述。本书的目的是，利用高逼真仿真，通过理论与实践相结合，为这部分研究添砖加瓦。

在展开这个主题之前，我将对六自由度仿真 ROCKET6G 进行简要介绍。首先是它的体系架构概述，然后是各个组成部分的说明，它们构成了三级固体火箭的模型。这种火箭模型是一个合适的例子，能够让读者体验从数学建模到编码，以及运行过程中所面临的挑战。

随后进入主题。本书将演示如何基于 WGS84 地球椭球模型建立 24 颗 GPS 卫星轨道模型，并外推它们的实时轨迹。最让人感兴趣的部分是基于张量飞行动力学理论建立的数学方程。这些方程最初基于与坐标系无关的张量推导得到。对编程而言，张量通过引入坐标系转换为矩阵，然后作为矩阵方程直接进行编码。

代码示例分布于全书正文中，用标题 CodeEX 进行标识，并对那些 C＋＋中支持复杂算法编程的特别之处进行了强调，以鼓励读者研究整个 ROCKET6G 程序。

第 2 章首先是关于 GPS 的讨论，然后给出 GPS 导航方程，以及最重要的性能参数 GDOP，即几何精度衰减。随后建立了伪距和伪距变化的测量模型，并作为卡尔曼滤波器的输入。由于观测矩阵是非线性的，我们采用扩展卡尔曼滤波器，同时必须对它的性能和稳定性进行说明。

第 3 章给出 INS 的工作原理，以及它的传递对准和误差模型。针对固体火箭，本书采用以惯性系为参考系的空间稳定平台。

第 4 章讨论的是星敏感器。在 GPS 修正 INS 的速度和位置误差时，星敏感器保持 INS 姿态精度。

第 5 章把 GPS 和星敏感器更新信息融入 INS，以维持精确的导航解算。本书用 CADAC＋＋的蒙特卡洛仿真功能，演示一些滤波器的调参实例，评估随机环境中的轨迹性能，并采用 CADAC Studio 画图和统计结果分析。

最后，在第 6 章中，本书推导了线性正切制导律，它使用 INS 导航信息把有效载荷送入轨道。它的实现对任何计算机编程者都是挑战，作者曾花费数月时间才完成。考虑到使用的是固体火箭，在仅使用发动机关机指令（BECO）作为控制变量的情况下，该制导律仍运行良好。

　　文末添加的附录用于补充说明，并在正文中引用。附录简要介绍了张量飞行动力学、相关坐标系以及 CADAC＋＋体系架构，其中 CADAC＋＋用作 ROCKET6G 仿真框架。但是，如果读者已经研读了作者的教材《空天飞行器动力学建模与仿真》，即使不读附录也会感觉很轻松。

　　本书是为对 GPS、INS 和星敏感器的分析评估有兴趣的读者准备的。你可能是研究生、博士生，或者在工业界或政府机构从事探索性研究。或者你可能是计算机专家，想探究 C＋＋用于解决重要的航空航天问题的效果。

　　不论你是谁，建议你花时间仔细研究本书内容，学习如何构建这个复杂的仿真模型，并把 ROCKET6G 作为起点推进你自己的项目。

缩略语

ANTARES	Advanced NASA Technology Architecture for Exploration Studies	NASA 先进探索性技术研究机构
BECO	Booster Engine Cut – Off	助推发动机关机
CADAC	Computer Aided Design of Aerospace Concepts	航空航天系统计算机辅助设计
EKF	Extended Kalman Filter	扩展卡尔曼滤波器
GDOP	Geometric Dilution of Precision	几何精度衰减
GPS	Global Positioning System	全球定位系统
INS	Inertial Navigation System	惯性导航系统
ISP	Specific impulse	比冲
KPLOT	Katie's Plot	Katie 画图工具
LTG	Linear Tangent Guidance law	线性正切制导律
MCAP	Monte Carlo Averaging Program	蒙特卡洛求均值程序
MOI	Moment Of Inertia	惯性矩
N&G&C	Navigation，Guidance and Control	导航、制导与控制
PRC	Pseudo – Random Code	伪随机码
RCS	Reaction Control System	反作用控制系统
SLV	Small Launch Vehicle	小型运载火箭
SRB	Solid Rocket Booster	固体火箭助推器
SV	Space Vehicle	空间飞行器
TM	Transformation Matrix	转换矩阵
TVC	Thrust Vector Control	推力矢量控制
WGS84	World Geodetic System 1984	1984 年世界大地坐标系
wrt	with respect to	相对于

符号表示

本书所采用的符号表示是一套过去 50 年里在解决复杂航空航天问题过程中已证明其用途的符号表示方法。我的座右铭是从张量建模到矩阵编码，这是采用该表示方法的原动力。

张量用粗体、标量用正常字体表示。二阶张量用大写，一阶张量用小写。下标和上标表示张量的具体含义，下标代表点，上标代表参照系。如果有两个下标或上标，那么从左向右读，中间插入相对于（wrt）。

作者做出的可行假设是：所有动态问题都能用点和系来建模。该假设在过去 50 年里未被推翻。

一旦引入坐标系，张量就变成矩阵，并用方括号括起来，坐标系用上标表示。这样物理建模的张量形式方程已经变成了编码用的矩阵方程，而在编程中用标量形式写出这些方程的时代已经一去不返。

一些例子应该能清晰说明我的规则。为了跟踪火箭助推器，我标记它的质心为点 B，并在惯性空间指定一个参考点 I，于是它的位移矢量为 s_{BI}，这是一阶张量。为了编码，将它用惯性坐标表示为 $[s_{BI}]^I$，这是 3×1 矩阵，在仿真中命名为 SBII。助推器质心 B 相对于惯性系 I 的速度是张量 v_B^I，它用惯性坐标表示的 3×1 矩阵是 $[v_B^I]^I$，记为 VBII。为了把速度转换到本体坐标，引入体坐标 B 相对于惯性坐标 I 的变换矩阵 $[T]^{BI}$

$$[v_B^I]^B = [T]^{BI} [v_B^I]^I$$

一个二阶张量的例子是本体 B 相对于参考点 B 的惯性矩张量 I_B^B，它常常以体坐标下的 3×3 矩阵 $[I_B^B]^B$ 形式给出，记为 IBBB。为转换到惯性坐标，必须在左右两侧乘以变换矩阵 $[T]^{IB}$

$$[I_B^B]^I = [T]^{IB} [I_B^B]^B [\overline{T}]^{IB}$$

上画线是转置符号。前一个 $[T]^{BI}$ 和当前 $[T]^{IB}$ 的关系是 $[T]^{BI} = [\overline{T}]^{IB}$，即矩阵转置后变换顺序反向。于是我能写出前述方程如下

$$[I_B^B]^I = [T]^{IB} [I_B^B]^B [T]^{BI}$$

注意上标顺序，中间的三个 B 合并抵消，即得到等式左边的 I。这是检查坐标顺序正确性的好办法。

这里给出一个列表，包括部分一阶和二阶张量和一个标量，你将在后文中见到它们。

s_{BI} 点 B 相对于点 I 的位移

$\boldsymbol{v}_B^I$	点 B 相对于坐标系 I 的速度
$D^I \boldsymbol{v}_B^I$	速度 $\boldsymbol{v}_B^I$ 相对于系 I 的旋转时间导数
$\boldsymbol{f}_{a,p}$	气动力和推力的合力
$\boldsymbol{g}$	重力加速度
m	质量
$\boldsymbol{I}_B^B$	本体 B 相对于其上点 B 的惯性矩
$\boldsymbol{l}_B^{BI}$	系 B 相对于系 I 并参考于点 B 的角速度,该点是系 B 的一部分
$D^I \boldsymbol{l}_B^{BI}$	角速度 $\boldsymbol{l}_B^{BI}$ 相对于系 I 的旋转时间导数
$\boldsymbol{m}_B$	相对于点 B 的力矩
$\boldsymbol{\omega}^{BI}$	系 B 相对于系 I 的角速度
Ω^{BI}	角速度 $\boldsymbol{\omega}^{BI}$ 的反对称形式

在上述列表中的旋转时间导数 $D^I *$,是张量飞行动力学的一个关键要素,将在附录 A.1 中详述。

目　　录

第 1 章　火箭推进器仿真

虽然本书聚焦在 GPS、INS 和星敏感器建模，但只能在高逼真度六自由度仿真中才能充分理解它们的功能。作者从零开始建立了这套仿真模型，并命名为 ROCKET6G。本书提供了源代码下载，读者可通过发送邮件至 mastech. zipfel@cox. net 免费索取。

当然，作者的仿真不像用于猎户座项目的 NASA ANTARES 仿真那么复杂，本书的对象是三级固体火箭，它用于将较小的载荷运送至较低的轨道。通过这样的仿真，可以探索导航、制导、控制之间复杂的关系，并重点关注 GPS、INS 和星敏感器。

作者通过 CADAC＋＋框架搭建了 ROCKET6G，并提供所有高逼真度的复杂仿真，包括特定大气、风、紊流，GNC 随机误差来源，数据后处理以及图形显示，更多细节详见附录 A.3。

火箭仿真的核心包括运动方程、质量特性、气动特性、推力特性和导航制导控制，本章将用较短的篇幅描述这些内容，导航和制导部分还可以从各自的章节中获得更多信息。

1.1　结构

正如其名字中体现的，CADAC＋＋是用 C＋＋编写的，它充分发挥所谓的 C＋＋ PIE 的优势，也就是多态性、继承性、封装。ROCKET6G 的层次共分为三层，如图 1－1 所示。

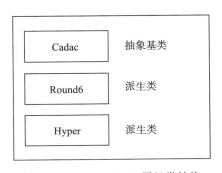

图 1－1　ROCKET6G 层级类结构

抽象基类 Cadac 建立了纯虚函数的树形关系，它对火箭的各部分进行建模描述，包括运动方程、气动特性、推力特性等，第一个派生类 Round6 将与六自由度运动方程相关的虚函数进行分解，而第二个派生类 Hyper 包括火箭的所有功能模块。

图 1－2 给出了这个模块结构，Round6 类包括四个成员模块，并通过它们的接口矩阵

名称表征，例如 round6［210－299］，这个模块属于通过牛顿第二定律解决三自由度平动运动参数的 newton（）模块，并与其他模块通过接口位置 210－299 进行通信。其他模块通过 hyper［…］通信，并且是 Hyper 派生类的成员。

Round6 派生类的四个模块构成了仿真的核心，六自由度运动方程通过 euler（）和 newton（）模块计算，并由 kinematic（）和 environment（）模块支持。

但是构成描述火箭组成的真正内容是隶属于 Hyper 派生类的组成模块，作用在火箭上力的模块包括 aerodynamics（）和 propulsion（），并和控制力模块 rcs（）和 tvc（）一起在 forces（）模块中叠加。RCS 和 TVC 两者都通过 control（）模块控制，而 control（）模块接受 guidance（）模块的指令，制导算法使用状态感知模块 ins（）、gps（）、startrack（），导引火箭朝满足入轨条件的方向飞行。最后，intercept（）模块计算实际入轨参数，并与期望值进行对比，以计算入轨精度。

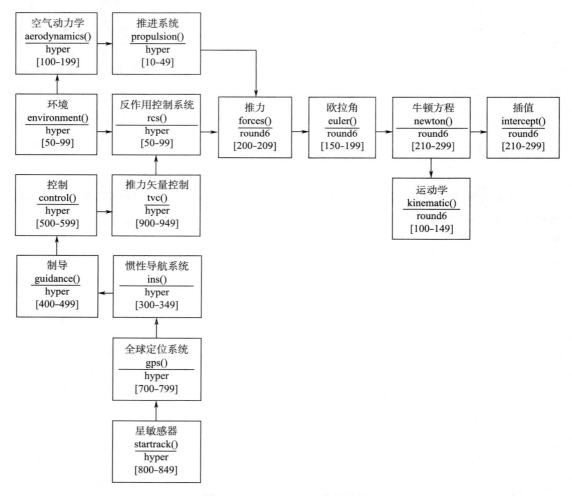

图 1－2　ROCKET6G 模块结构

　　图 1 - 3 中列出输入输出文件名，输入包括初始化运行的 input. asc，它提供了输入参数，控制各级事件，并加载数据包。ROCKET6G 使用的数据包包括不同火箭构型的气动数据以及天气数据，它们由 CADAC＋＋框架读取，该框架也完成许多其他账户管理功能，而核心 ROCKET6 包括所有的模块。

　　输出包括存档在 tabout. asc 中的控制台显示和一些与 CADAC Studio 兼容的绘图文件。由于 CADAC＋＋结构允许有飞行器对象的多个实例，因此对每个飞行器均单独写入一个绘图文件，并在文件名后附加 1、2、3，它们可以合并到 plot. asc 文件中。CADAC＋＋同时具备执行蒙特卡洛仿真能力，对每个飞行器的统计数据通过 stat1. asc、stat2. asc…记录，并合并至 stat. asc，以在 CADAC Studio 中进行分析和绘图。

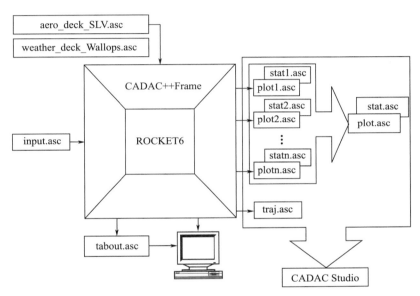

图 1 - 3　ROCKET6G 的输入输出文件

　　建立的仿真平台是对一次发射事件进行仿真，其中只有一个固体火箭，而不像空战中多个导弹打击多个目标那样。但是仍然可以使用多次仿真来进行敏感度分析。例如，在 5.4.2 节中，当调节卡尔曼滤波器时，可以生成带有三个同样火箭的输入文件，每个火箭实例具有不同的调节变量（详见图 5 - 13）。

　　输出文件 traj. asc 在这里并没有用到，但仿真多个对象时它很重要，例如当巡航导弹攻击目标时，它的坐标通过过顶卫星提供，这里就有三个不同对象。为了在 CADAC Studio 中绘制整个场景，就要用到 traj. asc 文件，它包括了所有飞行器对象的变量。

　　到此为止已经可以运行仿真了。向邮箱 mastech. zipfel@con. net 发送邮件，作者将把 ROCKET6G 的源代码以压缩包的形式回复，读者仅需要 C＋＋编译器。推荐使用 Microsoft Visual C＋＋编译器，从 V5 版本至当前的 V12 版本均可，如果使用 Windows 系统个人电脑，可以从 Microsoft 下载免费版本。本书使用基于 1998 年国际标准的C＋＋。如果使用其他编译器，仅作微小调整就可以运行程序。在稍作修正后，一些读者也已经可以在 Linux 系统上运行该程序。

为了获得用于绘图和事后统计处理分析的 CADAC Studio，必须参考作者 2014 年出版的书，从而获取 AIAA 网站的下载说明和密码，如果有较早的版本，可以以邮件的形式提供版本号，作者将在回复中提供下载说明。

在运行仿真平台之前，读者应该想知道其中都包含些什么。接下来的部分将对质量特性、气动特性、推力特性和自动驾驶仪部分进行简要的叙述。随后，在开始学习本书 GPS、INS、星敏感器等重点内容之前，本章将进行一些受控的仿真。

1.2　运动方程

不论方程左端的质量特性，还是右端的气动力和推力，仿真的所有子模块均服务于运动方程。在 ROCKET6G 中平动方程在 newton 模块中建立，姿态方程在 euler 模块中建立，如图 1-2 所示。

地球模型约束了运动方程的推导，对于 ROCKET6G，使用 WGS84 椭球带旋转地球模型，在此情形下，最好使用 J2000 惯性系和其首选惯性坐标系（详见附录 A.2），图 1-4 给出了三个惯性坐标轴 1^I，2^I，3^I 和地球坐标轴 1^E，2^E，3^E，以及被称为时角的转换角度 Ξ。

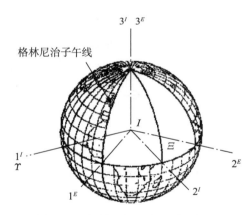

图 1-4　惯性坐标系和地球坐标系

张量形式的牛顿定律为

$$mD^I v_B^I = f_{a,p} + mg \tag{1-1}$$

方程从左至右可读成：火箭质量 m 乘以质心 B 相对于系 I 的线速度 v_B^I 又相对于惯性系 I 的旋转时间导数等于作用于箭体的气动力、推力合外力加上箭体重力。关于旋转时间导数的解释，可以阅读附录 A.1。

如果式（1-1）在惯性坐标系中表示，则可将张量转换至矩阵

$$m\left[\frac{dv_B^I}{dt}\right]^I = [f_{a,p}]^I + m[g]^I \tag{1-2}$$

但是合外力是在箭体坐标系 B 中描述，而引力加速度是在地心坐标系 G 中描述，因此，我们以转置形式（上横线）引入两个坐标转换矩阵 $[T]^{BI}$、$[T]^{GI}$。

$$\left[\frac{\mathrm{d}v_B^I}{\mathrm{d}t}\right]^I = \frac{1}{m}[\overline{T}]^{BI}[f_{a,p}]^B + [\overline{T}]^{GI}[g]^G \qquad (1-3)$$

通过再次积分可推导箭体质心 B 相对于地球中心 I 的 $3×1$ 位移矢量 $[s_m]^I$，即

$$\left[\frac{\mathrm{d}s_{BI}}{\mathrm{d}t}\right]^I = [v_B^I]^I \qquad (1-4)$$

式（1-3）和式（1-4）是六个微分方程，它们在 newton 模块中建立，你可以在附录 A.3 中找到这些方程及其积分的详细代码。

姿态方程通过欧拉定律获得，张量形式的姿态方程为

$$D^I\boldsymbol{I}_B^{BI} = \boldsymbol{m}_B \qquad (1-5)$$

它描述的是相对于惯性系 I 的旋转时间导数，作用于箭体 B 相对于惯性系 I 并参考于质心 B 的角动量 $\boldsymbol{I}_B^{BI}$，等于相对于箭体质心 B 的合外力矩。角动量 $\boldsymbol{I}_B^{BI}$ 由箭体 B 参考于箭体质心 B 的惯性张量 $\boldsymbol{I}_B^B$ 和箭体系 B 相对于惯性系 I 的角速度 $\boldsymbol{\omega}^{BI}$ 组成。

$$\boldsymbol{I}_B^{BI} = \boldsymbol{I}_B^B\boldsymbol{\omega}^{BI} \qquad (1-6)$$

由于惯性张量在箭体坐标系中描述最佳，可以使用附录 A.1 中的欧拉转换定律将式（1-5）的旋转时间导数转换至箭体坐标系

$$D^I\boldsymbol{I}_B^{BI} = D^B\boldsymbol{I}_B^{BI} + \boldsymbol{\Omega}^{BI}\boldsymbol{I}_B^{BI} = \boldsymbol{I}_B^B D^B\boldsymbol{\omega}^{BI} + \boldsymbol{\Omega}^{BI}\boldsymbol{I}_B^B\boldsymbol{\omega}^{BI} \qquad (1-7)$$

将式（1-6）代入，并考虑到惯性张量随时间的变化率可以忽略，将式（1-7）代入式（1-5）可以获得欧拉定律的最终张量形式

$$\boldsymbol{I}_B^B D^B\boldsymbol{\omega}^{BI} + \boldsymbol{\Omega}^{BI}\boldsymbol{I}_B^B\boldsymbol{\omega}^{BI} = \boldsymbol{m}_B \qquad (1-8)$$

在箭体坐标系中描述的矩阵方程如下

$$[I_B^B]^B\left[\frac{\mathrm{d}\omega^{BI}}{\mathrm{d}t}\right]^B + [\Omega^{BI}]^B[I_B^B]^B[\omega^{BI}]^B = [m_B]^B \qquad (1-9)$$

通过求解状态变量导数，就得到了能够编程的公式

$$\left[\frac{\mathrm{d}\omega^{BI}}{\mathrm{d}t}\right]^B = ([I_B^B]^B)^{-1}([\Omega^{BI}]^B[I_B^B]^B[\omega^{BI}]^B + [m_B]^B) \qquad (1-10)$$

通过对三个微分方程进行积分，可获得箭体坐标系中的火箭角速度 $[\overline{\omega}^{BI}]^B = [p \quad q \quad r]$，至少需要三个额外的积分才能获得欧拉角 ψ, θ, φ，但不是直接计算欧拉角，而是通过 $[\overline{\Omega}^{BI}]^B$ 求解转换矩阵 $[T]^{BI}$，再计算欧拉角。

$$\left[\frac{\mathrm{d}T}{\mathrm{d}t}\right]^{BI} = [\overline{\Omega}^{BI}]^B[T]^{BI} \qquad (1-11)$$

综上，共有九个耦合的线性微分方程，其中六个是独立的，它们在 kinematics 模块（如图 1-2 所示）中进行编码，来获取气流角和欧拉角。

式（1-2）、式（1-4）、式（1-10）、式（1-11）都是对六自由度运动方程进行建模的矩阵方程，它们需要质量特性 m 和 $[I_B^B]^B$ 作为输入条件。

1.3　质量特性

三级固体火箭能够将 1 000 kg 的载荷送入近地轨道，专家设计团队创建了这个小型运载火箭的箭体结构、推力特性和质量特性，图 1-5 给出了总体尺寸。

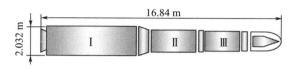

图 1-5　三级固体小型运载火箭

表 1-1 给出了每级点火时刻的质量特性，除了质量之外，还包括质心位置和转动惯量。CgX 表示轴向质心位置与头部顶点之间的距离，当然，随着推进剂的消耗，每级的质量特性均在改变。在确定好发动机特性参数之后，1.5 节将具体给出每级的质量特性。

表 1-1　小型运载火箭每级的质量特性

模式	单位	一级	二级	三级
质量	kg	48 983.70	15 490.50	5 024.48
CgX	m	10.526 5	5.910 0	3.651 0
CgY	m	−0.000 1	−0.000 2	−0.000 6
CgZ	m	0.000 0	−0.000 1	−0.000 2
Ixx	kg·m²	21 943.38	5 043.47	1 519.04
Iyy	kg·m²	671 626.02	51 912.18	5 157.65
Izz	kg·m²	671 624.75	51 928.57	5 178.28

现在，根据小型运载火箭的总体外形，可以开展气动特性建模工作。

1.4　气动特性

该小型运载火箭在设计中通过避免稳定翼、控制面上的凸起，来实现阻力最优，在大气层内以及大气层外它分别使用推力矢量控制和反作用控制系统来稳定和控制箭体。

由于外形平整，气动模型也相当简单。气动模型建立在气动弹道坐标系中，包括轴向力系数 C_A、法向力系数 C'_N 和俯仰力矩系数 C'_m，符号上标表示在气动弹道坐标系中[详见附录 A.2 和 Zipfe（2014）[455]]。

$$C_A = C_{A,0}(M) + C_{Aa'}(M)\alpha' + C_{A,0b}(\text{power} - \text{on})$$

$$C'_N = C'_{N,0}(M,\alpha')$$

$$C'_m = C'_{m,0}(M,\alpha') + C'_{mq'}(M)q'\frac{l}{2V} - C'_N\frac{x_{cg,R} - x_{cg}}{l}$$

括号中的变量表明数据表依赖马赫数及某些情况下的总攻角，这些数据表可以从 ROCKET6G 仿真的 aero_deck_SLV.asc 文件中找到，公式中有两个线性导数项 $C_{A_{\alpha'}}$、$C'_{m_{q'}}$，一个底阻修正项 $C_{A,0b}$ 和推进剂消耗过程导致的质心调整项 $C'_N \dfrac{x_{cg,R} - x_{cg}}{l}$。注意到公式中没有滚转力矩系数，这是由于高精度滚转控制保证滚转力矩系数可以忽略。

运载火箭在飞行过程中有三种不同的布局，每种布局的气动特性也不同，这三种布局分别是起飞时的全布局、一级分离后的布局和带有载荷的末级，三种布局的气动数据通过导弹 DATCOM 软件（Blake，2014）计算，由于火箭是四角轴对称的，气动数据最好是在气动弹道坐标系中描述。为了在运动方程式（1-3）和式（1-10）中使用，在气动弹道坐标系 R 中描述的系数需要转换至箭体坐标系 B 中

$$[f_a]^B = [T]^{BR} \bar{q} S \begin{bmatrix} -C_A \\ 0 \\ -C'_N \end{bmatrix}$$

$$[m_B]^B = [T]^{BR} \bar{q} S l \begin{bmatrix} 0 \\ C'_m \\ 0 \end{bmatrix}$$

气动系数解算是在 aerodynamics 模块中进行的，如图 1-2 所示，并同时解算得到自动驾驶仪中需要的控制导数〔函数 aerodynamics_der（）〕，forces 模块将它们和推力矢量叠加获得运动方程中的外力和外力矩。

1.5　推进特性

小型运载火箭采用三级固体火箭发动机，产生接近常值的推力，这样选择是因为需要应对精确入轨所带来的挑战。不同于军用系统，民用产品因为低成本、易存储、方便使用等需求会更多地使用固体火箭。

图 1-2 中给出的 propulsion 模块可以计算任意高度处考虑背压修正的推力大小。在一级工作期间，发动机喷管通过摇摆产生来自自动驾驶仪的控制力，在其他两级工作期间，发动机不摇摆，仅依靠 RCS 进行控制。

图 1-6 给出了上升过程中与布局改变、各级条件相关的五种模式。在模式 1 中，一级发动机关机后滑行 1 秒直至分离；在模式 2 中，火箭仅有二级、三级，其中二级发动机一直燃烧直至进入模式 3；此时二级推进剂消耗完毕，并滑行 1 秒，在此期间二级分离；在模式 4 中，三级点火直至到达入轨点发动机关机；模式 5 没有进入。

图 1-6 中的第二个图表提供了每级发动机的特性参数，对于每级发动机，假设推力为常值，一级比冲为 279 s，二级和三级比冲为 284 s，这些数值均代表了固体火箭发动机的先进技术，当前阶段刚开始可用。

每种模式代表了不同的布局，并需要特定的质量特性参数，如表 1-2 所示。对于模式 0、2、4，质量特性参数在每个发动机点火时给定，对于模式 1、3、5，发动机贮箱均

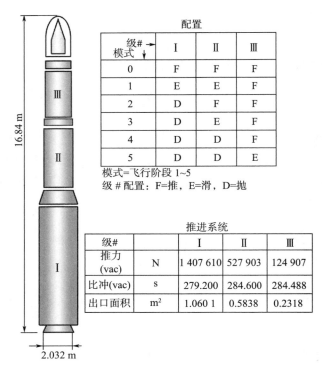

图 1 - 6　飞行模式布局和火箭发动机参数

是空的。在 ROCKET6G 仿真中，软件会时刻监测每级贮箱中的剩余推进剂情况，并实时更新质量特性。

表 1 - 2　小型运载火箭详细的质量特性参数

模式	单位	0	1	2	3	4	5
质量	kg	48 983.70	17 802.18	15 490.50	5 935.89	5 024.48	1 732.35
CgX	m	10.526 5	6.760 4	5.910 0	4.166 9	3.651 0	2.846 8
CgY	m	−0.000 1	−0.000 2	−0.000 2	−0.000 5	−0.000 6	−0.001 7
CgZ	m	0.000 0	−0.000 1	−0.000 1	−0.000 2	0.000 2	−0.000 6
Ixx	kg · m²	21 943.38	6 952.22	5 043.47	2 046.77	1519.04	486.49
Iyy	kg · m²	671 626.02	158 830.26	51 912.18	15 531.49	5 157.65	2 373.15
Izz	kg · m²	671 624.75	158 828.99	51 928.57	15 547.88	5 178.28	2 393.77

图 1 - 7 描述了上升弹道的详细细节，制导控制共有三个阶段：初始滚转角姿态控制阶段、俯仰程序角阶段和一级耗尽后的线性正切制导控制阶段。注意到最大动压发生在气流角较小时，这是有效控制结构载荷的需要。

一级分离时，运载火箭俯仰转弯到 35°的航迹倾角，在三级发动机点火时，航迹倾角达到 10°，并不断减小至入轨点的 1°，在入轨点，气流角接近 0°，惯性速度接近 6 600 m/s，地心距为 6 470 000 m。

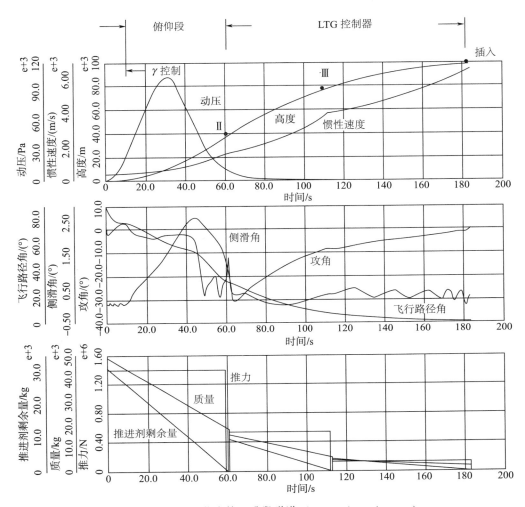

图 1-7　小型运载火箭上升段弹道（input _ insertion. asc）

图 1-7 的第三个曲线总结了推力和质量参数的变化情况，注意到每级火箭推力水平的差异和分离过程中的短暂滑行，一级火箭飞行过程中质量的快速降低，以及在入轨点三级火箭推进剂的完全消耗。

随着推力部分的讨论结束，运动方程中所有力的模型均已建立，现在问题转向有效载荷精确入轨过程中这些力是如何利用的。

1.6　自动驾驶仪

自动驾驶仪用来稳定箭体并执行导引指令，对于三级固体火箭，没有气动舵面来产生控制力矩，仅依靠一级发动机的摇摆实现操控，随后依靠反作用控制喷管，喷管的开和关通过施密特触发器控制。

表 1-3 概述了整个飞行阶段。一级火箭发动机工作时包括两个阶段。基于安全的考虑，

一级发动机喷管保持固定直到 10 s 后火箭达到 10 km 高度，期间依靠 RCS 保持稳定，并开始缓慢地俯仰机动。10 s 以后，在加速度自动驾驶仪的指令下，由推力矢量控制（TVC）接管，在上升的大动压区域，法向加速度保持在 0.3g 以下，并仅在一级分离之前的短时间内达到 1.8g。随后，在高度大于 40 km 区域，二级和三级均只通过 RCS 控制，在这些高空和低动压区域，推力矢量通过线性正切制导的指令使得整个箭体倾斜，从而进行转弯。

表 1-3　飞行控制阶段

级	飞行阶段	控制	变量
I	γ 模式	RCS 施密特触发器	欧拉角
I	10 s 时启动俯仰程序	带有加速度自动驾驶仪的 TVC	俯仰和偏航
II	LTG 插入	RCS 施密特触发器	推力方向
III			

　　总之，我们考虑的三级固体火箭没有气动控制舵面，仅仅依靠 RCS 或 TVC 导引推力矢量从而进行转弯控制，更详细的关于 RCS、TVC 和加速度自动驾驶仪随后予以介绍。

1.6.1　反作用控制系统

　　首先介绍反作用控制器是因为其在发射阶段首先启用。推进器上遍布有 12 个或更多的发动机喷管，以提供俯仰、偏航和滚转控制力矩，它们都是定推力推力器，通过施密特触发器逻辑来控制。

　　图 1-8 给出反馈回路中的施密特触发器，它包括两个代表火箭俯仰/偏航动力学的积分器，姿态和姿态变化率信号经反馈并与俯仰/偏航指令角或者由 LTG 导引律得到的姿态进行对比。

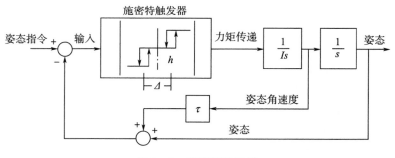

图 1-8　施密特触发器

　　施密特触发器通过滞后 h 和死区均值 Δ 控制，内反馈回路包含决定开关时间斜率的时间常数 τ，更多详细的内容可以参考 Bryson（1994）。

　　施密特触发器通过图 1-2 中的 rcs 模块进行代码实现，它由开关量 mrcs_moment 激活。在发射后的初始 10 s 内，mrcs_moment 为 21，即 RCS 控制欧拉角；对于二级和三级，mrcs_moment 为 22，即 RCS 控制箭体使得箭体与来自 LTG 导引律所要求的推力矢量方向一致。

再来深入研究火箭起飞的 10 s 时间，在此期间，随着火箭逐渐从发射塔架上起飞，RCS 用来稳定箭体，如图 1-9 所示。火箭垂直发射，俯仰转弯大约 13°，同时达到期望的 -83° 航向。为了使得箭体稳定并达到预定的航向，大约需要 25 次偏航脉冲，但是俯仰脉冲的次数则需要多达 200 次。整个飞行过程中，在俯仰和偏航通道上共需要超过 20 000 次的脉冲。

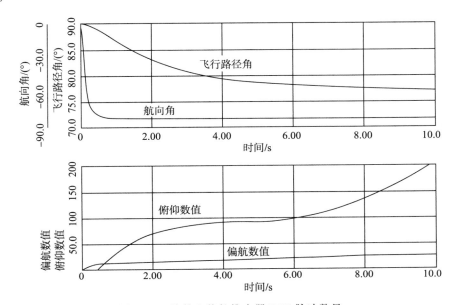

图 1-9　俯仰和偏航推力器 RCS 脉冲数量

随着火箭上升穿越大气层，依靠强有力的火箭发动机喷管来控制转弯会更有效率，因此，下面将介绍推力矢量控制系统的建模。

1.6.2　推力矢量控制

推力矢量控制可以通过摇摆发动机喷管或者燃气舵或者射流等方法实现，本文中将使用摇摆发动机喷管的方法，这种方法在航天飞机的固体火箭推进器中得到了多次验证。

图 1-2 中的 tvc 模块建立了发动机喷管的二阶动力学延迟模型，如图 1-10 中给出，它包括摇摆速率和偏转极限，喷管的自然频率 $\omega_n = 100$ rad/s，阻尼 $\zeta = 0.7$，偏转限制为 10°，偏转角速度为 200 （°）/s。

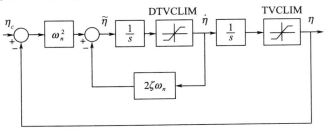

图 1-10　推力矢量控制二阶动力学

　　在俯仰程序运动中，喷管需要偏转多少？通过运行标称入轨剖面，在图 1-11 中画出了喷管偏转和相关加速度曲线，并引入零线作为参考。很明显，俯仰通道的推力矢量控制比偏航通道频繁，正如你所看到的，喷管在响应俯仰加速度指令 ancomx＝－0.15 时偏转不会超过 1°。

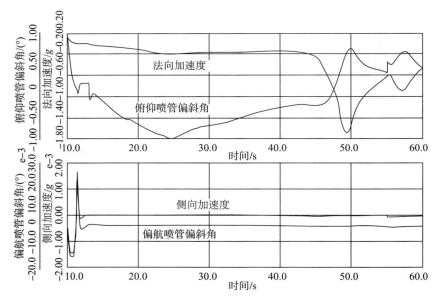

图 1-11　芯级工作过程中的推力矢量控制喷管偏转曲线

　　喷管的转动机构接收来自自动驾驶仪的输入，这也是接下来即将介绍的。

1.6.3　加速度自动驾驶仪

　　加速度自动驾驶仪使用极点配置方法来对喷管进行摇摆控制，在一级工作期间，开环增益通过在线计算并提供期望的闭环响应。

　　图 1-12 给出了控制器的闭环状态空间框图，加速度指令 a_c 通过增益转换至摇摆机构的转弯信号 δ，俯仰和偏航通道均是一样的。

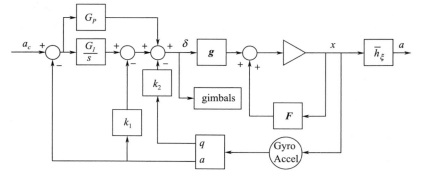

图 1-12　俯仰和偏航通道的加速度控制器

框图中有两个反馈信号，一是俯仰角速率 q，另一个是法向加速度 a，都是通过惯组的陀螺和加速度计获得的，它们经过增益 k_1 和 k_2，并与前馈增益 G_I 同时包括积分环节（用来降低稳态误差）的信号进行比较，旁路增益 G_P 理论上会增加响应速度，但是效果不是很明显。

基础矩阵 $\boldsymbol{F}$ 代表了由二维状态矢量（加速度 a 和俯仰角速率 q）构成的动力学，它显示在图 1-13 中，还有寄居其元素的有量纲导数。这些导数在每个积分步长中根据气动数据表由 aerodynamics 模块计算得到。

由于设计的控制器包含三个状态：加速度、角速率和积分器，因此可以选择三个闭环参数，这里选择的是自然频率、阻尼和拉氏左半平面的实根，为了适应快速变化的飞行条件，将自然频率和实根位置设计成动压的函数（详见 control 模块）。

$$\bar{\boldsymbol{x}} = \begin{bmatrix} q & a \end{bmatrix}; \quad \boldsymbol{F} = \begin{bmatrix} M_q & \dfrac{M_a}{N_a} \\ N_a & -\dfrac{N_a}{V} \end{bmatrix}; \quad \bar{\boldsymbol{g}} = \begin{bmatrix} M_\delta & 0 \end{bmatrix}; \quad \bar{\boldsymbol{h}}_\xi = \begin{bmatrix} 0 & 1 \end{bmatrix}$$

$$N_a = \frac{\bar{q}S}{m} C_{Na}; \quad M_a = \frac{\bar{q}Sd}{I_2} C_{ma}$$

$$M_q = \frac{\bar{q}Sd^2}{2I_2V} C_{mq}; \quad M_\delta = \frac{\bar{q}Sd}{I_2} C_{m\delta}$$

图 1-13　加速度控制器的参数

在图 1-11 中，可以看到在一级工作过程中的喷管偏转变化曲线，下面图 1-14 给出了稳定和控制箭体的增益参数曲线，前馈回路增益 G_I 起始为负，并在 45 s 时穿越零线随后变为正值，此时，火箭处于 26 km 的高度，我们可以看到法向加速度显著增大，可能更好的闭环极点配置会减小这个瞬态变化。反馈增益 k_1、k_2 均为负值，角速率增益 k_2 比加速度增益 k_1 大一个量级。

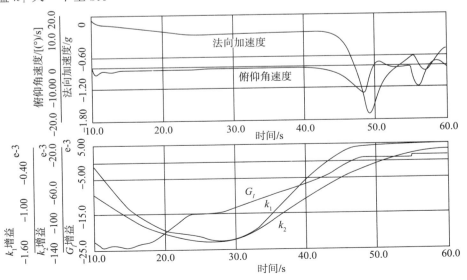

图 1-14　带有在线增益计算的俯仰动力学

　　回顾图 1 - 2 ROCKET6G 的模块化结构，本节除了没对 enviroment 模块作任何介绍外，通过给出运动方程并简要讨论了运动学规律，已经将属于 Round6 类的所有模块进行了介绍。enviroment 这个模块通过数据表的形式提供了美国 1976 标准大气模型或者特定的大气模型，其中包括风场。为了研究发射过程中大气紊流的影响，它还提供了 Dryden 紊流模型。

　　本节还讨论了 Hyper 类的下列模块：forces、propulsion、aerodynamics、tvc、rcs、control，现在我们来到本书的主要部分，也就是 ins、gps 和 startrack 模块。它们将分别在接下来的三章进行介绍，并在第 5 章进行集成。随后，通过在第 6 章介绍线性正切制导律来结束工作，这一章最终将整个三级运载火箭的导航制导控制形成闭环。

第 2 章　全球定位系统

全球定位系统（GPS）在轨服务已 30 年有余，一直为地面以及空间数不清的用户提供高精度的定位服务，像手机、车载导航系统、荒野旅行、搜索喜欢的钓鱼点以及大地测绘等是今天最普通的应用。但研发 GPS 的初衷仅是为美国空军的飞机提供导航，并同时向海军提供同样的服务。

20 世纪 70 年代末期第一颗 GPS 卫星发射时，作者还是空军先进概念科研团队的一员。当时 GPS 被称作 NAVSTAR GPS，尽管其最初是作为战略用途构思的，但科研团队一直研究如何实现战术应用。通过这些早期的研究，后来研制出了像 JDAM 和 JASSM 这样的武器系统。

美国军方为其保留了 GPS 最精准的部分，即所谓的 P 码，提供给公众使用的则是精度较低的 C/A 码。这种双重使用标准在 2000 年被终止，但军方仍持有不同的载波频段。

所有的火箭和导弹都使用霍尼韦尔空间集成 GPS/INS（SIGI）导航系统，并取得了巨大成功。SIGI 也被应用于国际空间站、日本的 H - 2 运载火箭以及波音的 X - 37 和 X - 40。

因此应该仔细研究对三级火箭的 GPS 建模。本章将介绍 24 颗卫星组成的 GPS 星座，以及如何下载其每周更新一次的星历表数据。CADAC＋＋代码样例将详细展现如何计算卫星的位置、速度变量及其对用户的可见度，并选择四颗"最好"的卫星用于导航。

确定四颗卫星之后，本章将介绍接收机的测量误差模型，其中包括码跟踪和载波相位跟踪。这 8 个测量值经卡尔曼滤波后用于校正 INS。

2.1　GPS 卫星星座建模

第一颗 GPS 卫星于 1978 年 2 月 22 日（作者生日）被送入轨道，直到 17 年后的 1995 年，拥有 24 颗卫星的 GPS 星座才完全运行。今天，只需要通过发射额外的卫星来更替超龄的卫星，或者作为备份卫星以防突发故障。

本节首先简要介绍 GPS 如何工作，随后将详细介绍 GPS 星座的运动学原理，例如从已知的星历数据递推随时间变化的惯性位置和速度信息。利用 ROCKET6G 中的模型，可预演发射，并分析卫星随测试时间变化的实际位置。

2.1.1　GPS 工作原理

首先介绍 GPS 系统的三个主要部分。空间部分包含至少 24 颗卫星，分布在大约 26 560 km 高度的轨道上，这些卫星一天绕地球两周，广播频段为 L1（1 575.42 MHz）

和 L2 段（1 227.60 MHz）。监控部分位于科罗拉多州的 Schriever 空军基地。那里每颗卫星的轨道参数都可测量到，并与计时数据一起上传。用户部分是指 GPS 接收机，可以计算用户的位置、速度以及时间。

现在介绍 GPS 的工作原理。上述解算至少需要 4 颗卫星（即所谓的航天器），它们发出的无线电信号以光速传播，考虑到传播的时间，即可转换为距离。这里的传播时间由卫星和用户的时钟决定，采用的编码形式是伪随机编码。

以一颗卫星为例。卫星发送其伪随机编码，用户复制出同样的编码。二者基于各自的时钟在同一时间做同样的事情。然而，卫星的伪随机码到达用户时会有延时，该延时可由用户测得，然后乘以光速即可得到与卫星之间的距离。

每一颗卫星都有独特的伪随机码。所有的伪随机码都存储在用户的设备上面。假若与所有卫星都存在直线通信，那么用户即得到与每颗卫星的距离。

三角测量需要三颗卫星，用户选择最优位置处的卫星，保存它们发送来的轨道参数（星历数据）。根据三颗卫星的位置和与用户的距离，用户可解算出自身所处的位置。

然而，存在一个问题就是，这些 GPS 卫星具有高精度的原子钟，而用户没有。为了提高自身计时的精准度，用户另外追踪第四颗卫星，通过一个增广的滤波器，来校正自身的时间。

2.1.2 时间

我们遇到的时间问题有：太阳时、恒星时、动态时间、仿真时间。我们每天按照太阳时生活——白天、夜晚——把这一天分成 24 小时。然而，由于地球绕着太阳旋转，地球相对某固定恒星（惯性系）的旋转周期比一个太阳日少 4 分钟。地球在惯性系的一次旋转被称为恒星时，以恒星秒计算，一个恒星日约为 86 400 恒星秒（非太阳时秒）。

动态时基于动力学方程的某些现象，比如循环状态（振动）。例如，GPS 卫星上的原子钟就是通过记录铯原子或者铷原子的振动次数计时的，而轨迹仿真时以时间步长来求解牛顿动力学方程，这里动态时被称为仿真步长，经常以恒星秒来计量。

更多的细节见由 Spilker1996 年编著的经典书籍。

2.1.3 空间飞行器定位

卫星的位置由以下 6 个轨道参数确定：

a　椭球轨道半长轴

e　偏心率

i　轨道倾角

Ω　升交点经度

ω　近地点幅角

v　真近点角

半长轴和偏心率决定了椭球轨道的形状，轨道倾角和升交点经度确定轨道平面相对于惯性系的方向，近地点幅角和真近点角标明卫星在其轨道的位置。

图 2-1 描述了基于轨道六根数的空间飞行器定位方法以及确定轨道平面的两个坐标系：惯性坐标系和近交坐标系。

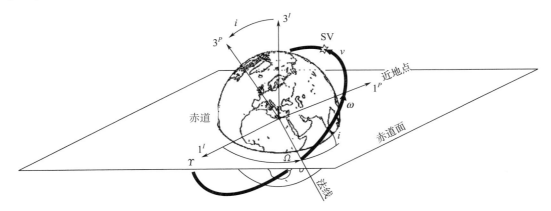

图 2-1　基于轨道六根数的空间飞行器定位

惯性坐标系：1^I 轴指向白羊星座（春分点），3^I 轴与地球自转方向相同，根据右手正交定则确定 2^I 轴。

近交坐标系：1^P 轴从地心指向近地点；3^P 轴是轨道平面的法线，相对于卫星运动形成一个右旋；根据右手正交定则确定 2^P 轴。

两个坐标系之间的转换矩阵由三次角度变换完成：$]^I \xrightarrow{\Omega}]^X \xrightarrow{i}]^Y \xrightarrow{\omega}]^P$，其中 $]^X$ 和 $]^Y$ 是过渡坐标系。图 2-2 描述了这四个坐标系的关系，以及转换过程中各个轴在单位球内的变化。

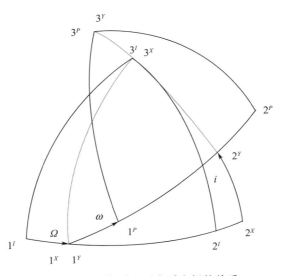

图 2-2　惯性系和近交系之间的关系

近交系相对于惯性系的转换矩阵为三个转换矩阵的乘积

$$[T]^{PI} = [T(\omega)]^{PY}[T(i)]^{YX}[T(\Omega)]^{XI}$$

这三个转换矩阵分别为

$$[T]^{PY} = \begin{bmatrix} \cos\omega & \sin\omega & 0 \\ -\sin\omega & \cos\omega & 0 \\ 0 & 0 & 1 \end{bmatrix}; [T]^{YX} = \begin{bmatrix} 1 & 0 & 0 \\ 0 & \cos i & \sin i \\ 0 & -\sin i & \cos i \end{bmatrix}; [T]^{XI} = \begin{bmatrix} \cos\Omega & \sin\Omega & 0 \\ -\sin\Omega & \cos\Omega & 0 \\ 0 & 0 & 1 \end{bmatrix}$$

相乘之后为

$$[T]^{PI} = \begin{bmatrix} \cos\omega\cos\Omega - \sin\omega\sin\Omega\cos i & \cos\omega\sin\Omega + \sin\omega\cos\Omega\cos i & \sin\omega\sin i \\ -\sin\omega\cos\Omega - \cos\omega\sin\Omega\cos i & -\sin\omega\sin\Omega + \cos\omega\cos\Omega\cos i & \cos\omega\sin i \\ \sin\Omega\sin i & -\cos\Omega\sin i & \cos i \end{bmatrix}$$

$$(2-1)$$

该转换矩阵是升交点经度 Ω、轨道倾角 i、近地点幅角 ω 的函数。

2.1.4　24 颗卫星星座

虽然绕地球的轨道卫星众多，但这里使用基准 24 颗卫星星座进行仿真，针对其标称轨迹建模。这些卫星分布在 6 个圆形轨道平面内，轨道半径为 26 560 km、轨道倾角为 55°，沿着赤道均匀分布，每个轨道上有 4 颗卫星。然而这 4 颗卫星并不是均匀分布在它们的轨道上。

使用标称的卫星轨道，可忽略微椭圆轨道、倾角的微小变化，以及赤道交点的微小移动。实际上，在每个传输时段，卫星都会发送各自的星历数据给用户，并允许用户对卫星的当前位置进行三角定位。在仿真中，由 GPS 历书给定一个初始位置，然后沿着卫星的标称轨道随时间递推卫星的位置，并将数据供给用户。只要历书日期与仿真开始时间接近，最终结果就一致。

历书本质上是一种历法。GPS 历书是所有正常工作卫星的轨道参数的记录，自 1999 年 8 月 22 日起每周都会发布。仿真中使用的是第 787 周的 Yuma GPS 历书（2014 年 9 月 21 日）。数据中包含每颗卫星的升交点经度、近地点幅角、平近点角。近地点幅角和平近点角的加入是为了产生升交角距，其可定位卫星相对交点线的位置（如图 2-1 所示）。每个轨道平面由字母符号标记：A，B，C，D，E，F，并且每个轨道平面的卫星均被标号。

尽管认为具有相同字母标记的四颗卫星在一个轨道平面内，但它们各自的赤经略有不同。仿真过程采用赤经的均值，按照卫星各自的升交角距确定卫星的位置，如图 2-3 所示。

如此，轨道平面并不是准确地按照 60°间隔分布，轨道平面的卫星也是随机分布的。表 2-1 给出了各颗卫星的升交角距。

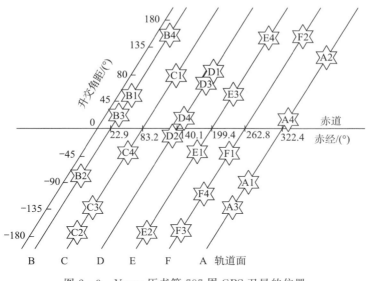

图 2 - 3　Yuma 历书第 787 周 GPS 卫星的位置

表 2 - 1　24 颗 GPS 卫星的升交角距

升交角距	A	B	C	D	E	F
1	−91.73	60.94	97.70	111.2	−32.71	−41.14
2	121.2	−76.93	−162.8	−8.42	−171.2	152.8
3	−132.3	32.13	−133.0	96.83	49.16	−170.6
4	18.27	164.7	−36.66	23.43	155.0	−119.8

2.1.5　圆形轨道

如历书中对椭圆度的描述，圆形轨道上的卫星的实际偏差不超过 1%。使用圆形轨道，近地点就无实际意义，也就不存在近交系。本书引入卫星坐标系作为替代，其定义为：1^s 轴从地心指向卫星的位置，3^s 轴为轨道平面的法线方向，最后按照右手定则确定 2^s 轴。

如图 2 - 2 所示，卫星系相对于惯性系的转换矩阵包含三个角度变换：$]^I \xrightarrow{\Omega}]^X \xrightarrow{i}]^Y \xrightarrow{u}]^P$。只是 ω 变为了升交角距 u。与式（2-1）类似，卫星系相对于惯性系的转换矩阵为

$$[T]^{PI} = \begin{bmatrix} \cos u \cos\Omega - \sin u \sin\Omega \cos i & \cos u \sin\Omega + \sin u \cos\Omega \cos i & \sin u \sin i \\ -\sin u \cos\Omega - \cos u \sin\Omega \cos i & -\sin u \sin\Omega + \cos u \cos\Omega \cos i & \cos u \sin i \\ \sin\Omega \sin i & -\cos\Omega \sin i & \cos i \end{bmatrix}$$

$$(2-2)$$

两个坐标系的旋转过程见图 2 - 4。

总之，这 24 颗卫星分布于 6 个圆形轨道上，每个轨道四颗，轨道半径为 26 560 km，倾角为 55°，轨道角速度为 $\omega_s = 1.458\ 58\ e-4\ rad/s$。轨道的赤经以近似 60°分开，而卫星的升交角距在轨道平面内是分散的。

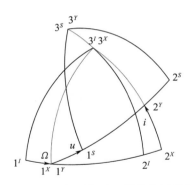

图 2 - 4　卫星坐标系相对于惯性坐标系的关系

2.1.6　卫星轨道计算

仿真中根据历书的时间，递推卫星的位置直到仿真开始时刻，随后在仿真运行时间内持续地迭代递推。需要重点关注的是，每个卫星相对于地心 I 的惯性位置 S，用惯性坐标 $[s_{SI}]^I$ 表示。

在卫星坐标系中，卫星的起始位置为

$$\overline{[s_{SI}]}^S = [R_S \quad 0 \quad 0]$$

将其转换到惯性系中，可得

$$[s_{SI}]^I = \overline{[T]}^{SI}[s_{SI}]^S = \begin{bmatrix} \cos u \cos\Omega - \sin u \sin\Omega \cos i & -\sin u \cos\Omega - \cos u \sin\Omega \cos i & \sin\Omega \sin i \\ \cos u \sin\Omega + \sin u \cos\Omega \cos i & -\sin u \sin\Omega + \cos u \cos\Omega \cos i & -\cos\Omega \sin i \\ \sin u \sin i & \cos u \sin i & \cos i \end{bmatrix}\begin{bmatrix} R_S \\ 0 \\ 0 \end{bmatrix}$$

$$[s_{SI}]^I = R_S \begin{bmatrix} \cos u \cos\Omega - \sin u \sin\Omega \cos i \\ \cos u \sin\Omega + \sin u \cos\Omega \cos i \\ \sin u \sin i \end{bmatrix} \qquad (2-3)$$

其中，u 是在当前仿真时间 t 时的升交角距。假设初始时间为 t_0，轨道角速度 $\omega_s = 1.458\,58\,e-4\ \mathrm{rad/s}$，得到迭代公式

$$u = u_0 + \omega_s(t + t_0)$$

其中 u_0 为历书中的升交角距。轨道倾角为 $55°$，升交点经度由图 2-3 可知，u_0 可从表 2-1 中获得。

2.1.7　卫星速度

进一步，需要计算卫星的惯性速度 v_S^I 以及相对于用户的速度 v_S^U，二者在惯性坐标系下表示为 $[v_S^I]^I$ 和 $[v_S^U]^I$。

卫星的速度是

$$v_S = R_S \omega_s = 3\,874\ \mathrm{m/s}$$

在卫星坐标系中（如图 2-5 所示）

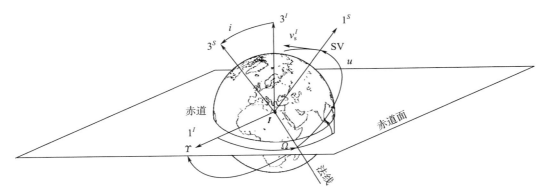

图 2-5 卫星坐标系相对于惯性系的速度矢量 v_s^I

$$[v_S^I]^S = v_S \begin{bmatrix} 0 \\ 1 \\ 0 \end{bmatrix}$$

转换到惯性坐标系

$$[v_S^I]^I = \overline{[T]}^{SI} [v_S^I]^S$$

利用式（2-2），得到卫星在惯性坐标系下的速度

$$[v_S^I]^I = \overline{[T]}^{SI} [v_S^I]^S = \overline{[T]}^{SI} \begin{bmatrix} 0 \\ v_S \\ 0 \end{bmatrix} = v_S \begin{bmatrix} -\sin u \cos\Omega - \cos u \sin\Omega \cos i \\ -\sin u \sin\Omega + \cos u \cos\Omega \cos i \\ \cos u \sin i \end{bmatrix} \qquad (2-4)$$

虽然 v_S 是常值，但卫星的惯性速度分量随 u，Ω，i 变化。

现在研究卫星 S 相对于用户 U 的速度 v_S^U，在惯性系下表示为 $[v_S^U]^I$。图 2-6 描述了用户、卫星与地心之间的几何关系。

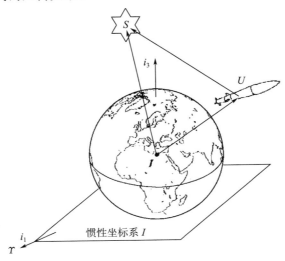

图 2-6 用户 U、卫星 S 和地心 I 的几何关系

首先有几何三角式

$$s_{SU} = s_{SI} - s_{UI}$$

记相对于用户坐标系 U 的旋转时间导数（见附录 A.1）

$$v_S^U = D^U s_{SU} = D^U s_{SI} - D^U s_{UI}$$

利用欧拉转换（见附录 A.1），进行从 U 系到 I 系转换

$$v_S^U = \underbrace{D^I s_{SI} + \Omega^{IU} s_{SI}}_{v_S^I} - (\underbrace{D^I s_{UI} + \Omega^{IU} s_{UI}}_{v_U^I})$$

调换顺序

$$v_S^U = v_S^I - v_U^I + \underbrace{\Omega^{IU}}_{-\Omega^{UI}} \underbrace{(s_{SI} - s_{UI})}_{s_{SU}}$$

如下式所示，得到的张量解为

$$v_S^U = v_S^I - v_U^I - \Omega^{UI} s_{SU} \tag{2-5}$$

将其在惯性坐标系中表示，得到最终结果

$$[v_S^U]^I = [v_S^I]^I - [v_U^I]^I - [\Omega^{UI}]^I [s_{SU}]^I \tag{2-6}$$

其中 $[v_S^I]^I$ 由式（2-4）可得，$[v_U^I]^I$ 是惯性坐标系下火箭的惯性速度，$[\Omega^{UI}]^I$ 是惯性坐标系下火箭的惯性角速度的斜对称形式，$[s_{SU}]^I$ 是用户测量的惯性坐标系下卫星相对于用户的距离。

至此完成了 GPS 卫星星座的建模，这是一个关于张量使用的指导性练习，作者 2014 年出版的书对张量作了介绍，具体可见附录 A.1 部分。然而还存在一个几何问题，即用户对可见卫星的选择。

2.1.8　无线电信号可视度计算

只有个别卫星的信号可以被用户接收到，这是因为大部分卫星被地球遮挡或者卫星十分接近地平线，以致它们的无线电信号扭曲而无法使用。图 2-7 从用户的角度展示了其中的几何关系。

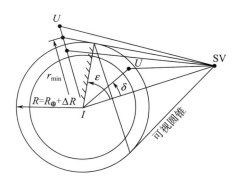

图 2-7　用户的无线电信号

地球半径 $R_\oplus$ 加上无线电信号的范围 ΔR，形成一个可视锥体与半径为 $R = R_\oplus + \Delta R$ 的球体相切。由此计算两个重要的角度：

卫星相对于用户的角度 $\delta = \angle(s_{SI}, s_{UI})$ 以及切线角 $\varepsilon = \arccos\left\{\dfrac{R_{\oplus} + \Delta R}{|s_{SI}|}\right\}$

任何在可视圆锥内的用户，即 $\delta < \varepsilon$，都能够清晰地看见卫星。为了解决用户在可视圆锥外的情况，即 $\delta \geqslant \varepsilon$，必须首先计算最小半径 $r_{\min} = \left\{\dfrac{R_{\oplus} + \Delta R}{\cos(\delta - \varepsilon)}\right\}$。因此，只有 $|s_{UI}| \geqslant r_{\min}$，用户对卫星才有清晰的视线。图 2-7 展现了三个可能的用户位置：可视的、临界线和不可视的。

2.1.9　四颗"最优"卫星的选择

ROCKET6G 提供每一个积分步长内 24 颗卫星的位置，采用之前章节的准则，可确定用户可见的卫星。所选择的四颗卫星是处在三角测量中最好的几何位置。变量 GDOP（geometrical dilution of precision）可表现这种特性。该值越小说明三角位置越好。典型值位于 2.4 和 2.8 之间（GDOP 的推导详见 2.3.3 节）。

该四颗最优卫星也被称为"四马战车"。为了确定它们，仿真必须计算可见卫星所有组合的 GDOP 值。这些组合的总数可由二项式系数给出。

对于 n 个可视的卫星，选择 $q = 4$ 组合，有 m 种可能的组合方式

$$m = \binom{n}{q} = \frac{n!}{q!\,(n-q)!} \tag{2-7}$$

例如 $n = 8$，$q = 4$ 得到 $m = 70$ 种组合。所以仿真必须循环 70 次才能找到最优的卫星组合。

2.2　编码

如何在 CADAC++ 中编码实现 GPS 方程？首先构建一个顶层的流程图，其中包括 GPS 卫星星座以及基于卡尔曼滤波的测量方法，然后给出一些在 gps 模块中的 GPS 运动学代码。

在 Microsoft Visual C++ 编译器中启动仿真程序 ROCKET6G，然后即可仔细地研究整个模块。

2.2.1　概述

ROCKET6G 仿真程序中的 gps 模块将 GPS 卫星星座与卡尔曼滤波器结合起来，为滤波器提供四颗卫星与用户的相对位置和速度的测量值，并反过来更新 INS。

首先介绍 gps 模块的流程图，如图 2-8 所示。这里有三个初始化模式，由模式切换参数 mgps 决定。运行前，在 input.asc 文件中置模式切换参数 mgps=1，通过运行子函数 gps_sb_init() 实现 24 颗卫星星座位置和速度的初始化。接下来，初始化滤波器的矩阵为 0，包括协方差矩阵 PP、动态误差矩阵 QQ 和量测矩阵 RR。

当 mgps=2 时，在测量更新间隔中，滤波器的状态按每个积分步长进行外推。第一

次 mgps 置 2 是程序内置的，随后 mgps 在更新值出现后由 INS 重置为 2。同时，在外推阶段，运行用户的时钟模型来模拟误差的积累。

在 GPS 更新之后（由 input. asc 中的 gps _ step 设定），mgps 被置为 3，INS 开始更新。首先，调用子函数 gps _ quadriga（）来计算 24 颗卫星当前时刻的位置，然后排除不可见的卫星。其次，从剩下的卫星中挑选出 GDOP 最小的四颗卫星，最后计算出这四颗卫星的惯性速度。结合它们之前确定的位置，就得到了新的测量周期内该四颗卫星的所有状态。

然后回到 gps（）函数，确定四颗卫星与用户之间的伪距及其变化率范围，滤波器利用这些测量值计算 INS 更新的校正值并传送给 INS 来提高导航精度。

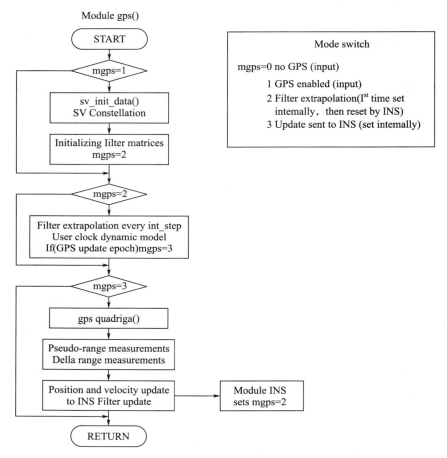

图 2 - 8　gps 模块的流程图

2.2.2　GPS 运动学的编程细节

这里重点介绍 gps 模块的程序细节。gps _ sv _ init（）子函数初始化 24 颗卫星的位置，具体值见图 2 - 3 和表 2 - 1，单位为弧度。从轨道平面 A 到 F，这些数被加载到矩阵 sv _ data［24］［2］，如 CodeEx 2.1 所示。第一列是升交点赤经，第二列是升交角距。

```
double   sv_data[24][2]={
      5.63，-1.600，//A-plane，  slot ♯1
   5.63，2.115，//             ♯2
   5.63，-2.309，//            ♯3
   5.63，0.319，//             ♯4
      ......
         };
```

CodeEx 2.1 载入 24 颗卫星位置数据

为了使该数组可用于 gps（）中的其他函数，需要把 sv_data 载入到 sv_init_data 数组。由于数组是通过指针传递，sv_init_data 由指针形式加载。CodeEx 2.2 展示了该过程。

```
//loading SV data into 'sv_init_data' array by pointer arithmetic
for(int i=0;i<24;i++){
    for(int k=?;k<2;k++){
        * (sv_init_data+2 * i+k)=sv_data [i] [k];
    }
}
```

CodeEx 2.2 载入卫星初始星历数据至 sv_init_data 数组

在子函数 gps_quadriga 中，调出初始星历数据，升交角距根据实时仿真时间进行外推。随后卫星的位置被转换为惯性坐标系下的数据，如 CodeEx 2.3 所示。

最后四行代码计算方程（2-3），即惯性坐标系下第 i 颗卫星的位置。这里第四列加入一个标识来指示卫星对于用户能否可见。

```
//unpacking the one-dimensional array of SVs into sv_data[24][2]
for(i=0;i<24;i++){
    for(int k=0; k<2; k++){
    sv_data[i] [k]= * (sv_init_data+2 * i+k);
    }
}
//propagating the argument of latitude in time
For(i=0;i<24;i++){
    sv_data[i] [1]= sv_data[i] [1]+(almanac_time+time) * wsi;
}
//conversion to inertial (J2000) coordinates
double ssii[24][4];
double sin_incl=sin(incl);
double cos_incl=cos(incl);
for(i=0;i<24;i++){
    ssii[i][0]= rsi * (cos(sv_data[i][0]) * cos(sv_data[i][1]) -
            sin(sv_data[i][0]) * sin(sv_data[i] [1]) * cos_incl);
```

```
ssii[i][1]＝rsi * (sin(sv_data[i][0]) * cos(sv_data[i][1])＋
            cos(sv_data[i][0]) * sin(sv_data[i][1]) * cos_incl);
ssii[i][2]＝rsi * sin(sv_data[i][1]) * sin_incl;
            ssii[i][3]＝0;
//last entry is a flag with the code:
//＝0:not visible;＞0:visible,where the number is the SV slot#
(1,2,3,...,24)
}
```

CodeEx 2.3　卫星星历表的推导

至此，已经计算得到当前仿真时刻所有卫星的信息，下面需要确定哪些卫星是可见的。CodeEx 2.4 是 2.1.8 节中判别条件的程序。

```
//SV to user angle with vertex at Earth center
double delta＝angle(SSII,SBII);
//grazing angle of SV beam with vertex at Earth center
double epsilon＝acos((REARTH＋del_rearth)/rsi);
//min radius of user to have clear line-of-site to SV
double rmin＝(REARTH＋del_rearth)/cos(delta－epsilon);
if(delta＜epsilon){
        //SV is in the visibility cone
        ssii[i][3]＝i＋1;
        visible_count＋＋;
}
else{
//user is outside the visibility cone but high enough to have LOS to the SV
//(rmin can go negative if delta－epsilon＞90deg; this can happen when the user is
// opposite (or nearly opposite) of the SV; this is always a no-visibility case)
double dbi＝SBII. absolute();
if(rmin＞0&&rmin＜dbi){
        ssii[i][3]＝i＋1;
        visible_count＋＋;
        }
```

CodeEx 2.4　保留可视的卫星

用户对卫星的角度 $\delta = \angle(s_{SI}, s_{UI})$，以及切线角 $\varepsilon = \arccos\left\{\dfrac{R_\oplus + \Delta R}{|s_{SI}|}\right\}$。如果 $\delta < \varepsilon$，卫星在用户的可视范围内。如果不在可视范围内，那么用户必须处于更高的位置才可以清晰地看到卫星。如果 $|s_{UI}| \geqslant r_{\min}$，则卫星对用户是可见的，这里 $r_{\min} = \left\{\dfrac{R_\oplus + \Delta R}{\cos(\delta - \varepsilon)}\right\}$。

最后，ssii 的第四个元素接收卫星的编号，若为非零值，则表明该卫星对用户是可见的。

2.3　导　航

在完成当前时刻卫星位置的解算和筛选用户可见的卫星个数后，需选择四颗具有最优几何位置的卫星。为做出这个选择，建立 GPS 导航方程，引出 GDOP 参数，选出四颗卫星使 GDOP 值最小。

2.3.1　GPS 导航方程

通过使用张量理论，推导出 GPS 导航方程。线性化该方程，最后引入惯性坐标系来进行计算。生成的矩阵是卡尔曼滤波器的测量方程。本书将使用 $\boldsymbol{H}$ 矩阵来量化 GDOP。

GPS 导航问题可描述为：给定四颗卫星的测量距离，确定用户位置和它的时钟偏差。图 2-9 描述了用户 U、第 i 颗卫星 S_i 和地心 I 的三角形关系。

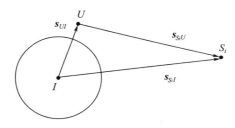

图 2-9　用户 U、第 i 颗卫星 S_i 和地心 I 的三角形关系

从几何关系开始，根据作者的书写习惯，三点关系为

$$\boldsymbol{s}_{UI} = \boldsymbol{s}_{US_i} + \boldsymbol{s}_{S_iI}$$

也可写成

$$\boldsymbol{s}_{UI} = \boldsymbol{s}_{S_iI} - \boldsymbol{s}_{S_iU}$$

通过矢量 $\boldsymbol{s}_{S_iU}$ 的单位矢量 $\boldsymbol{u}_{S_iU}$，可采用标量叠加的形式得到用户到卫星的距离

$$\overline{\boldsymbol{u}}_{S_iU}\boldsymbol{s}_{UI} = \overline{\boldsymbol{u}}_{S_iU}\boldsymbol{s}_{S_iI} - \overline{\boldsymbol{u}}_{S_iU}\boldsymbol{s}_{S_iU}$$

$$= \overline{\boldsymbol{u}}_{S_iU}\boldsymbol{s}_{S_iI} - |\boldsymbol{s}_{S_iI}|$$

最后一项是真实测量距离。然而，由于式中存在未知的偏差项 cT_b，所以真实测量距离并不准确。这里 c 是光速，T_b 是以秒为单位的用户时间偏差。因此，实际测量值为

$$|\hat{\boldsymbol{s}}_{S_iU}| = |\boldsymbol{s}_{S_iU}| + cT_b$$

代入替换最后得到标量形式的 GPS 导航方程

$$\overline{\boldsymbol{u}}_{S_iU}(\boldsymbol{s}_{S_iI} - \boldsymbol{s}_{UI}) + cT_b = |\hat{\boldsymbol{s}}_{S_iU}| \tag{2-8}$$

用户的位置 $\boldsymbol{s}_{UI}$ 由测量值 $|\hat{\boldsymbol{s}}_{S_iU}|$（其会被时钟偏差 cT_b 干扰）和卫星的轨道位置 $\boldsymbol{s}_{S_iI}$ 决定。这里有四个未知量：$\boldsymbol{s}_{UI}$ 的三个量和时间偏差 T_b。因此，我们需要四个测量值 $|\hat{\boldsymbol{s}}_{S_iU}|$，$i=1,2,3,4$。不幸的是，由于矢量相乘 $\overline{\boldsymbol{u}}_{S_iU}\boldsymbol{s}_{UI}$，导航方程是一个非线性关系。

2.3.2　导航方程线性化

为了线性化导航方程，我们考虑一个用户的临近位置，有＋号标明，对时间偏差也采用同样的处理方式。

$$s_{UI}(+) = s_{UI} + \Delta s_{UI}$$

$$|\hat{s}_{S_iU}(+)| = |\hat{s}_{S_iU}| + |\Delta \hat{s}_{S_iU}|$$

$$T_b(+) = T_b + \Delta T_b$$

其中 Δ 表示值很小。求解导航方程中的项

$$s_{UI} = s_{UI}(+) - \Delta s_{UI}$$

$$|\hat{s}_{S_iU}| = |\hat{s}_{S_iU}(+)| - |\Delta \hat{s}_{S_iU}|$$

$$T_b = T_b(+) - \Delta T_b$$

代入到方程（2-8）中，得到

$$\underline{\overline{u}_{S_iU}[s_{S_iI} - s_{UI}(+)]} + \overline{u}_{S_iU}\Delta s_{UI} + \underline{cT_b(+)} - c\Delta T_b = \underline{|\hat{s}_{S_iU}(+)|} - |\Delta \hat{s}_{S_iU}|$$

下划线标注的是临近点的导航方程。它们满足等式关系可消去。因此得到了线性化后的导航方程

$$\overline{u}_{US_i}\Delta s_{UI} + c\Delta T_b = |\Delta \hat{s}_{S_iU}|, i = 1,2,3,4 \tag{2-9}$$

其中通过改变序号的顺序 $\overline{u}_{S_iU} = -\overline{u}_{US_i}$ 来改变符号。

方程（2-9）针对用户位置的扰动 Δs_{UI} 和时间偏差扰动 ΔT_b 是线性的，同时受到测量距离的扰动 $|\Delta \hat{s}_{S_iU}|$ 的影响。

得到标量形式的线性化的导航方程后，我们可将其在惯性坐标系下表示出来

$$[\overline{u}_{US_i}]^I[\Delta s_{UI}]^I + c\Delta T_b = |\Delta \hat{s}_{S_iU}|, i = 1,2,3,4$$

$$\begin{bmatrix} [\overline{u}_{US_1}]^I & 1 \\ [\overline{u}_{US_2}]^I & 1 \\ [\overline{u}_{US_3}]^I & 1 \\ [\overline{u}_{US_4}]^I & 1 \end{bmatrix} \begin{bmatrix} [\Delta s_{UI}]^I \\ c\Delta T_b \end{bmatrix} = \begin{bmatrix} |\Delta \hat{s}_{S_1U}| \\ |\Delta \hat{s}_{S_2U}| \\ |\Delta \hat{s}_{S_3U}| \\ |\Delta \hat{s}_{S_4U}| \end{bmatrix} \tag{2-10}$$

于是可得

$$Hx = z \tag{2-11}$$

给定测量值 z，测量矩阵 H，可计算状态 x。这里暂时不管张量方程，采用加粗字符来描述卡尔曼滤波器测量方程的状态空间形式。

2.3.3　几何精度因子（GDOP）

如之前所述，GDOP 是一个由四颗卫星信息组合的量化值。一般来说，四颗卫星的角度越大，用户的定位越好。GDOP 值小说明误差协方差小。

测量方程（2-11）可进行求逆，因为 H 一直是满秩的。

$$x = H^{-1}z \tag{2-12}$$

H 的逆将临近测量值与临近用户位置联系起来。它也描述了测量偏差 δz 如何影响用户状态 x 的偏差 δx

$$\delta x = H^{-1} \delta z \qquad (2-13)$$

现在引入二阶误差统计值 COV（…），其中 $E\{…\}$ 是期望算子。

$$\mathrm{COV}(x) = E\{\delta x \overline{\delta x}\} \qquad (2-14)$$

$$\mathrm{COV}(z) = E\{\delta z \overline{\delta z}\} \qquad (2-15)$$

将式（2-13）代入式（2-14）

$$\mathrm{COV}(x) = E\{H^{-1} \delta z \overline{\delta z} \overline{H}^{-1}\}$$

调整后

$$\mathrm{COV}(x) = E\{\overline{H} \overline{\delta z}^{-1} \delta z^{-1} H\}^{-1}$$

同样地由式（2-15）可得

$$\mathrm{COV}(x) = E\{\overline{H} \mathrm{COV}(z)^{-1} H\}^{-1}$$

由于 H 是固定的

$$\mathrm{COV}(x) = (\overline{H} \mathrm{COV}(z)^{-1} H)^{-1}$$

H 矩阵决定着从测量值 z 到状态 x 的误差传播。

假设所有四个测量值有相同的误差统计值，并将其归一化：$\mathrm{COV}(z) = \mathrm{UNIT}$

$$\mathrm{COV}(x) = (\overline{H} H)^{-1}$$

最终，我们得到 GDOP 的表达式

$$\mathrm{GDOP} = \sqrt{\mathrm{trace}(\overline{H} H)^{-1}} \qquad (2-16)$$

这是四颗卫星品质的标量度量值，其影响着用户状态的位置和时间测量值。$(\overline{H} H)^{-1}$ 的轨迹与用户状态的变化相关。GDOP 的展开计算公式为

$$\mathrm{GDOP} = \sqrt{\sigma x_1^2 + \sigma x_2^2 + \sigma x_3^2 + \sigma x_4^2} \qquad (2-17)$$

前三个状态与用户位置的变化相关，因此我们提出 PDOP（positional dilution of precision）

$$\mathrm{PDOP} = \sqrt{\sigma x_1^2 + \sigma x_2^2 + \sigma x_3^2}$$

以及 TDOP（time dilution of precision）

$$\mathrm{TDOP} = \sqrt{\sigma x_4^2}$$

为了选择最优的卫星组合，选择可使 GDOP 最小化的四颗卫星。

2.3.4　最优卫星组合编码

编码以寻找最优的卫星组合是相当棘手的。在 2.1.9 节，说明了 8 颗可视卫星会有 70 种组合变化来寻找 GDOP 的最小值。

对于每四颗卫星组合，我们必须计算 H 矩阵，式（2-10）已给出。

$$H = \begin{bmatrix} \left[\overline{u}_{US_1}\right]^I & 1 \\ \left[\overline{u}_{US_2}\right]^I & 1 \\ \left[\overline{u}_{US_3}\right]^I & 1 \\ \left[\overline{u}_{US_4}\right]^I & 1 \end{bmatrix} \tag{2-18}$$

为了提高效率，这里将可视卫星信息导入数组 ssii _ vis，作为指针创建，按 4 * visible _ count 大小动态分配内存。编码细节可见子函数 gps _ quadriga（），如 CodeEx 2.5 所示。

```
//repackage visible SVs into 'ssii_vis' single—dimensioned array
//inertial displacement vector elements are stored in
'ssii_vis[4 * visible_count]',
//'ssii_vis' has 3 inertial coordinates and SV slot# of all visible SVs
double * ssii_vis;
ssii_vis=new double[4 * visible_count];
int k(0);
for(i=0;i<24;i++){
    if(ssii[i][3]>0){
        * (ssii_vis+k)=ssii[i][0]j
        * (ssii_vis+k+1)=ssii[i][1];
        * (ssii_vis+k+2)=ssii[i][2];
        * (ssii — vis+k+3)=ssii[i][3];
        k=k+4;
    }
}
```

CodeEx 2.5　可视卫星信息导入 ssii _ vis 数组

在分配完 * ssii _ vis 指针的内存后，程序遍历 24 颗卫星，选择可见星。可见与否看卫星转移矢量 ssii 的第 4 项是否大于 0。一旦找到可见的卫星，将其信息载入到 ssii _ vis 数据。然后利用指针方法将二维的矩阵转换为一维数组。

现在基于每个可能的四颗卫星组合，利用式（2-15）计算 GDOP 值。这里需要设置四个循环，给每个组合计算 **H** 矩阵 HGPS。CodeEx 2.6 展示了 HGPS 和 gdop _ local 是怎么在循环中计算的。

```
//calculating user wrt the SV displacement unit vectors
Matrix UNI1=(SBII—SSII1). univec3();
Matrix UNI2=(SBII—SSII2). univec3();
Matrix UNI3=(SBII—SSII3). univec3();
Matrix UNI4=(SBII—SSII4). univec3();
//building the GPS 'H' matrix
Matrix HGPS(4,4);HGPS. Ones();
```

```
for(m＝0；m＜3；m＋＋){
    HGPS. assign_loc(0,m, UNI1[m]);
    HGPS. assign_loc(1,m, UNI2[m]);
    HGPS. assign_loc(2,m, UNI3[m]);
    HGPS. assign_loc(3,m, UNI4[m]);
}
//calculating GDOP
Matrix COV(4,4);
COV＝(HGPS * HGPS. trans()). inverse();
double gdop_local＝sqrt(COV. get_loc(0,0)＋
    COV. get_loc(1，1)＋COV. get_loc(2，2)＋COV. get_loc(3，3));
```

CodeEx 2.6　计算 H 矩阵和 GDOP

如果 GDOP 值减小，则保存下来。当循环完所有可能的组合后，最小的 GDOP 值对应最优的四颗卫星组合。其标注数字放入整数方阵中。该四颗卫星将其三轴惯性坐标和标注数字载入 ssii_quad 中，如 CodeEx 2.7 所示。

```
//extracting the "best" quadriga from visible SVs
//and storing inertial coordinates of the four SVs and their slot#
    for(m＝0；jm＜4；m＋＋){
        for(int n＝0；n＜4；n＋＋){
            * (ssii_quad+4 * m+n)＝ * (ssii_vis+4 * quad[m]+n);
        }
    }
```

CodeEx 2.7　载入最优卫星组合的惯性坐标和标注数字到 ssii_quad

为了对最优可见星组合进行可视化展现，转到在 CADAC Studio 和它的 GLOBE 绘图程序。运行测试案例 ROCKET6G 中的 input_ballistic. asc，在 200s 停止。输出告知最优的四颗卫星是 8、9、10、19 号卫星，根据表 2-1 可知是 B4、C1、C2、E3 星，可在图 2-10 中简化绘制展现。

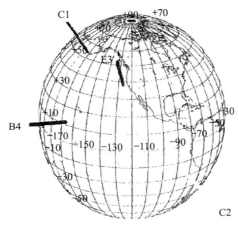

图 2-10　范登堡空军基地发射场的最优 GPS 四颗卫星组合（星历 787 周）

　　该卫星组合不是最优的，因为其 GDOP=3.72，这是由于从用户到卫星的角度不是最大的（该发射场在范登堡空军基地附近）。特别地，E3 在发射地点的正上方。随着我们的火箭飞得越来越远，GDOP 的值也会下降，如表 2-2 所示。

表 2-2　在弹道试验飞行时卫星组合的变化（input _ ballistic. asc）

Time/s	SV1#	SV2#	SV3#	SV4#	GDOP
10	8	9	10	19	3.72
160	8	10	15	16	2.92
300	8	13	16	21	3.20
340	8	15	16	24	3.50
360	8	16	19	24	3.51
440	8	13	16	17	3.42
660	2	9	17	24	2.18

　　四颗星在这种布局下 GDOP 值非常低为 2.18，如图 2-11 所示。程序运行开始在星历 787 周。若想复现上述仿真，需要将最接近该测试时间的 GPS 星历数据载入。然后计算秒数直至实际发射时间，然后将其赋予 input. asc 文件中的 almanac _ time 变量。

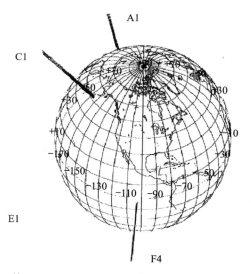

图 2-11　接近碰撞时最优 GPS 四颗卫星（星历 787 周+660 s）

　　最后，我们利用式（2-4）计算这些卫星的惯性速度，将其载入 vsii _ quad（请参考 ROCKET6G 中的代码）。

　　现在，我们得到了具有最小 GDOP 值的最优卫星组合，以及其惯性坐标和惯性速度信息都被分别存储在 ssi _ quad 和 vsii _ quad 中。这 8 个值是这些测量值的真实值，下一节将分析其测量误差。

2.4　测　量

一个简单的 GPS 接收机一般仅需要四个测量量就够了，三个量用于确定用户坐标，一个量用于确定时间信息。这些测量量是通过码跟踪回路来获取的，首先需要确定四颗导航星发射出的伪随机码时延，并利用测量值乘以光速，由此可以获得用户至四颗卫星的距离，由于是基于测量误差进行计算，因而通常将其称作伪距。

目前高质量的 GPS 接收机是可以完成四个多普勒载波频率测量的，并称之为载波相位跟踪。它可以测量用户相对四颗星距离对应的时间变化率，程序中用 delta‐ranges 表示。这四个额外的测量值可以有效地改善滤波性能。结合其他特征，通常将这类接收机称作强耦合接收机。

在后续研究中，我们将利用八个测量量作为输入参数，输入到扩展卡尔曼滤波器之中，详细内容将在 2.5 节进行讨论。在此，我们将建立伪距与伪距变化率的误差模型，并讨论这两个模型对导航解算准确性的影响。

现在应用的接收机一般会锁定四颗以上的导航星信号。四个额外的测量信息通过最小二乘滤波器与四颗卫星建立联系，来改善四个伪距的测量精度。本节不进行扩展介绍，主要讨论基于四颗星的核心的 GPS 导航问题。

2.4.1　伪距测量误差

码跟踪回路测量接收机至第 i 颗卫星的距离，记为 $|S_{S_iU}|$，径向距离偏差记为 ΔR_i、接收机与多路径偏差记为 ΔN_i，用户钟差记为 b。这些变量的关系为

$$|\hat{S}_{S_iU}| = |S_{S_iU}| + \Delta R_i + \Delta N_i + b \qquad (2-19)$$

距离偏差 ΔR_i 主要由导航星位置测量偏差与射频信号转换误差组成，误差产生原因主要是由于在经过大气层（海平面～50 km 高度范围）以及电离层（50～500 km 高度范围）时的延迟与衰减所引起的。在一些情况下，信号转换误差可以被测量并估计出来，如差分 GPS，由此可以大幅降低计算误差。

接收机误差 ΔN_i 大小主要取决于接收机的设计质量，这是一个成本问题。用户钟差 b 同样是一个成本问题。为了统一量纲，在上式中变量全被统一为 m，通过乘以光速给出计算结果。

在 ROCKET6G 仿真代码中，偏差项 ΔR_i 与 ΔN_i 的初始值按照高斯分布取值。对于每颗卫星的偏差分别命名为：pr1_bias，pr2_bias，pr3_bias，pr4_bias，详细内容见 input.asc 文件（如 CodeEx 2.8 所示）。

```
GAUSS pr1_bias 0 0.842 //Pseudo‐range 1 bias — m GAUSS module gps
GAUSS pr2_bias 0 0.842 //Pseudo‐range 2 bias — m GAUSS module gps
GAUSS pr3_bias 0 0.842 //Pseudo‐range 3 bias — m GAUSS module gps
GAUSS pr_4 bias 0 0.842 //Pseudo‐range 4 bias — m GAUSS module gps
```

MARKOV prl_noise 0.25 0.002//Pseudo—range 1 noise — m MARKOV module gps
MARKOVpr2_noise 0.25 0.002//Pseudo—range 2 noise — m MARKOV module gps
MARKOV pr3_noise 0.25 0.002//Pseudo—range 3 noise — m MARKOV module gps
MARKOVpr4_noise 0.25 0.002//Pseudo—range 4 noise — m MARKOV module gps
GAUSS ucbias error 0 3 //User clock bias error— m GAUSS module gps

CodeEx 2.8　伪距测量误差

关键词 GAUSS 用于在数字仿真中定义一个数值，该值是基于零均值的高斯分布随机得到，其标准差取为 0.842 m，并保证此数据在仿真过程中始终保持为常值。这个相对较小的数值是在如下假设下完成的：电离层失真与对流层失真得到补偿，接收机的质量很高，同时不存在多路径效应（运载器上升段的合理假设）。

然而，其中仍然有由大气层和电离层引起的未知波动干扰，对于这些干扰通过一阶马尔科夫过程来进行建模，并利用关键字 MARKOV 在程序中引入了一系列标准差为 0.25 m 的高斯分布的数值。这些数值是通过逐步积分被关联在一起的，其关联性通过 0.002 Hz 的带宽表示。图 2-12 给出了典型的自相关函数和一阶马尔科夫过程的功率谱密度函数。

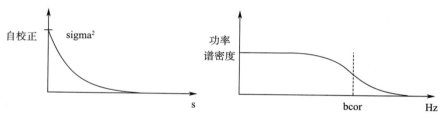

图 2-12　具有标准差 sigma 和带宽 bcor 的马尔科夫过程

在伪距测量部分，带宽一般会相当小，即这些参数值在每两个积分步长之间都是与高度相关。带宽小则表示大气条件和接收机偏差是缓慢变化的。

用户时钟偏差项 b 在输入文件中被定义为 ucbias _ error，并由此引入了标准差为 3m 的最大不确定性。也正是由于这个原因，才需要进行第四次测量以使得滤波器能够降低对导航算法的误差影响。

2.4.2　位置差测量偏差

载波相位跟踪回路主要测量用户同第 i 颗导航星之间的距离变化率 $\mathrm{d}|S_{S_iU}|/\mathrm{d}t$。除了计算卫星的惯性运动之外，它还可以进行动力学修正，这对运载器上升段是非常重要的。测量误差主要由接收机动力学噪声 $\Delta\dot{N}_i$ 和用户钟差频率误差 f 组成，表达式如下

$$\frac{\mathrm{d}|\hat{S}_{S_iU}|}{\mathrm{d}t} = \frac{\mathrm{d}|S_{S_iU}|}{\mathrm{d}t} + \Delta\dot{N}_i + f \tag{2-20}$$

一个高质量接收机一般具有较小的 1—sigma（0.03 m/s）动力学噪声，噪声幅值一般小于 0.1 m/s 的钟差频率偏差（如 CodeEx 2.9 所示）。

MARKOV drl noise 0.03 100 //Delta－range 1 noise － m/s MARKOV module

MARKOV dr2 noise 0.03 100 //Delta－range 2 noise － m/s MARKOV module

MARKOV dr3 noise 0.03 100 //Delta－range 3 noise － m/s MARKOV module

MARKOV dr4 noise 0.03 100 //Delta－range 4 noise － m/s MARKOV module

MARKOV ucfreq_noise 0.1 100 //User clock frequency error － m/s

CodeEx 2.9　位置差测量偏差

在飞行器飞行过程中，两类主要偏差的波动可以很好地通过一阶马尔科夫序列建模。因为两类误差源主要由电噪声引起，两类误差极不相关，且非常相似于 100 Hz 带宽的白噪声。

在建立包含不确定性的测量模型后，接下来将利用滤波器来提取尽可能多的有效信息，由此来更新 INS 导航信息。

2.5　滤波器

卡尔曼滤波器现在已变得不可或缺。自从 20 世纪 60 年代卡尔曼滤波算法被开发出来之后，卡尔曼滤波器已经被应用于诸多数据滤波问题之中，包括当年的探月计划。在卡尔曼之前，数据处理问题主要由维纳滤波主导。维纳滤波理论主要是在频域建立的，而卡尔曼滤波则是在时域建立的。卡尔曼同布希将滤波理论进行了线性化处理。滤波器仅在非奇异线性模型条件下可以保证其稳定性，当然，基于卡尔曼滤波理论的滤波技术已经大范围应用于非线性动力学与导航测量领域。实践证明，扩展卡尔曼滤波器的稳定性虽然没有成熟的理论保证，但已经应用于很多应用领域并取得不错效果。

2.5.1　强弱耦合滤波器

在信息处理方面，GPS 与 INS 是互补的，以提供准确的导航信息给用户。一般情况下，可以利用 INS 平滑高频误差，同时 GPS 可以保证低频偏差具有较小幅值。而卡尔曼滤波器就是消除低频误差与高频误差之间的桥梁。利用卡尔曼滤波器可以滤除 GPS 测量误差并在秒级内周期性消除 INS 误差。当然，如果 GPS 信息终止服务，INS 还将继续进行导航解算。

当然，利用卡尔曼滤波器需要将极坐标测量量转化到笛卡儿惯性坐标系下，这个坐标变换是非线性的。因此，扩展卡尔曼（EKF）滤波器是非线性的。

现在必须强调 EKF 滤波器使用的一些动态特性。在解算中，最基本的导航状态就是用户的三个惯性位置坐标与三个惯性速度坐标。这些参数的解算还必须用到用户时钟，时间项的校正则基于第四颗 GPS 卫星信息。接下来比较重要的状态是 INS 的三个角运动状态。与此同时，还要增加额外的测量信息，即三个陀螺的漂移偏差以及 INS 的加速度器件漂移偏差。

在更新导航基本方程中的惯性位置与惯性速度方面，利用 GPS 信息将得到更准确的信息，但其在修正姿态误差上效率较低，也不能确定能否降低漂移误差。

对于本项目研究内容，我们可以利用 GPS 信息来进行姿态误差修正。这是因为火箭发射后将迅速飞出大气层，此时我们就可以利用星敏等信息来补偿 INS 的漂移误差。后面，在第 4 章将讨论有关星敏感器的相关特性。

EKF 算法主要涉及到 8 个运动状态：3 个惯性位置，3 个惯性速度，1 个钟差，1 个时钟频率误差。如我们所知，虽然观测矩阵是非线性的，但滤波器的动态特性是线性的。

进行滤波的 8 个运动状态的更新既可以是强耦合的，也可以是弱耦合的。区别没有严格的定义，在此处，依据 Biezad 理论（1999）。图 2-13 给出了弱耦合系统的滤波器结构。用户从卫星处获取 4 个伪距信息作为径向位置信息，并利用接收机将 4 个伪距信息转化为它们的惯性位置坐标。由此，可以将 GPS 信息同 INS 解算的位置信息比较，并将其送入线性卡尔曼滤波器，滤波器提供位置偏差值来更新导航解算信息。

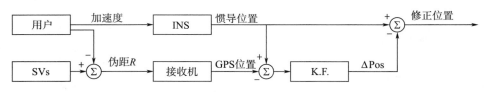

图 2-13　弱耦合 GPS/INS 滤波器结构

强耦合系统的滤波器结构如图 2-14 所示。对于这个结构，伪距和位置偏差同时都被用户接收机用于处理滤波信息。这两个物理量与通过卫星数据包计算的 INS 预测值有所不同，EKF 滤波器在当前时刻接收到的四个伪距误差值和四个伪距变化率，经过解算后将这几个量转化为用户惯性位置与惯性速度的误差值，并由此来修正 INS 解算状态。

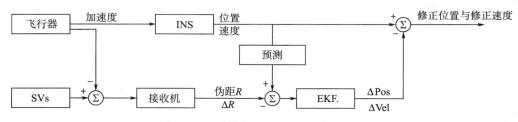

图 2-14　强耦合 INS/GPS 滤波器结构

很显然，通过强耦合模型得出的导航参数更准确，但与此同时解算过程变得更复杂。利用强耦合模型进行解算，需要利用非线性滤波器处理 8 个测量状态，由此将引起滤波器的稳定性问题。

2.5.2　状态递推

滤波状态包括 3 个惯性位置、3 个惯性速度、1 个用户钟差以及时钟频率误差。可以利用简化的线性动力学模型来更新计算状态

$$\dot{x} = Fx + Gu$$

将上式细化为每个滤波量状态矢量的形式如下

$$
\begin{bmatrix} \overset{8\times1}{\dot{s}} \\ \dot{v} \\ \dot{c} \end{bmatrix} = \overset{8\times8}{\boldsymbol{F}} \begin{bmatrix} \overset{8\times1}{s} \\ v \\ c \end{bmatrix} + \begin{bmatrix} \mathbf{0}_{3\times3}^{8\times3} \\ I_{3\times3} \\ \mathbf{0}_{2\times3} \end{bmatrix} \overset{3\times1}{\boldsymbol{a}} + \text{时钟噪声}
$$

输入矢量 $\boldsymbol{a}$ 是由 INS 动力学积分得出的用户加速度，时钟噪声将在后续章节进行讨论。状态矩阵 $\boldsymbol{F}$ 表达了各个状态的耦合程度，如下所示

$$
\boldsymbol{F} = \begin{bmatrix} \mathbf{0}_{3\times3} & I_{3\times3} & \mathbf{0}_{3\times2} \\ \mathbf{0}_{3\times3} & \mathbf{0}_{3\times3} & \mathbf{0}_{3\times2} \\ \mathbf{0}_{2\times3} & \mathbf{0}_{2\times3} & \begin{matrix} 0 & 1 \\ 0 & -1/T_f \end{matrix} \end{bmatrix}
$$

状态方程中的 8 个状态量如下

$$
\boldsymbol{x} = \begin{bmatrix} \hat{s}_1 \\ \hat{s}_2 \\ \hat{s}_3 \\ \hat{v}_1 \\ \hat{v}_2 \\ \hat{v}_3 \\ \hat{b} \\ \hat{f} \end{bmatrix} \quad \begin{matrix} \\ \Delta s \\ \\ \\ \Delta v \\ \\ \text{钟差} \\ \text{时钟频率} \end{matrix}
$$

需要注意的是，速度与位置的变化量是用来对 INS 导航状态进行更新补偿的，所以参数量级都很小，并证明了传播矩阵 $\boldsymbol{F}$ 的合理性。

钟差与时钟频率误差的补偿需要着重关注，这两个量是通过一阶马尔科夫过程来进行建模的，如图 2-15 所示。输入是白噪声 w，偏差 b 是频率误差 f 的积分。T_f 是相关时间常数。

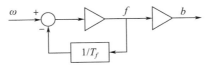

图 2-15　用户钟差的一阶马尔科夫过程模型

状态空间模型描述如下

$$
\begin{bmatrix} \dot{b} \\ \dot{f} \end{bmatrix} = \begin{bmatrix} 0 & 1 \\ 0 & -\dfrac{1}{T_f} \end{bmatrix} \begin{bmatrix} b \\ f \end{bmatrix} + \begin{bmatrix} 0 \\ w \end{bmatrix}
$$

式中　b ——用户钟差，m；

　　　f ——用户时钟频率误差，m/s；

T_f ——时间改正项，s；

w ——白噪声，m/s²。

需要注意到：b 和 f 的量纲为 m 和 m/s，这些单位同 GPS 测量值的转化参数单位是一致的，而不是用时间延迟作为单位。如果需要转化到各物理量的国际单位，仅需要利用 b 和 f 除以光速即可。

b 和 f 的参数值在输入文件 ucbias_error 与 ucfreq_noise 中，详细内容见 CodeEx 2.8 与 CodeEx 2.9。虽然 b 的初始化来源于高斯方程的求解，但它的幅值会由于频率噪声而不断增加，如图 2-16 所示。

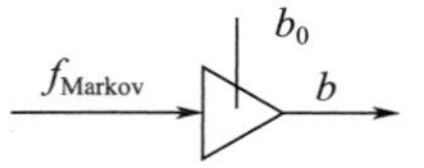

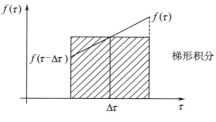

τ ——迭代时间步长，s

b_0 ——高斯噪声的初始偏差，m

图 2-16　钟差传播过程

此处，利用梯形法对偏差值进行迭代计算。算式如下

$$b = \int_0^\tau f \, \mathrm{d}t$$

$$b \leftarrow b + \frac{1}{2}\big[f(\tau) + f(\tau - \Delta\tau)\big]\Delta\tau$$

图 2-17 给出了积分基本原理。

图 2-17　梯形积分法

计算程序如 CodeEx 2.10 所示。

```
// ＊＊用户时钟频率、钟差的传播与更新
// 运行马尔科夫过程积分函数"ucfreq_noise"通过梯形法积分来获取钟差值"ucbias
error"
// 钟差项在上一步滤波计算中进行了更新
ucfreq_error＝ucfreq_noise;
ucbias error＝ucbias_erro＋(ucfreq_error＋ucfreqm)＊(int_step/2);
ucfreqm＝ucfreq_error;
```

CodeEx 2.10　用户钟差计算程序

变量 ucfreq_noise 是表示马尔科夫过程的特征参数值，由局部变量 ucfreq_error 进行赋值，并在当前积分周期内被加到变量 ucfreqm 中，同时乘以半个积分步长并被加到偏差项 ucbias_error 中，由此获得变量 ucbias_error。这样，局部变量 ucfreq_error 被赋

值到 ucfreqm，由此使得计算程序顺利进入下一个积分周期。

典型的钟差与频率变化曲线如图 2 - 18 所示。

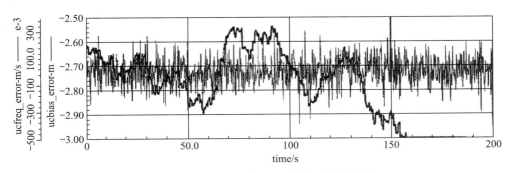

图 2 - 18　用户低频钟差与时钟频率误差曲线

用户钟差初值是由 1σ（3 m）的高斯模型获取的，在这个特殊的循环程序中，最初的参数赋值为－2.62 m。由于时钟频率是通过 sigma 取 0.1 m/s、带宽为 100 Hz 的一阶马尔科夫过程来建模的，所以时钟频率误差如果取整数的话，计算参数的误差将进一步加大。

2.5.3　卡尔曼滤波器

到目前为止，我们已经完成了 GPS 测量以及各个状态的动态迭代计算方法介绍。现在介绍卡尔曼滤波器相关内容，参照 Farrell（1999）[138]。图 2 - 19 给出了滤波计算流程。自图 2 - 14 开始，对卡尔曼滤波器进行了详细描述，滤波器品质主要由卡尔曼增益矩阵 K 来决定。这个增益矩阵主要影响距离残差与距离变化率残差，并将这两个物理量转化为修正 INS 的补偿值。为了计算增益矩阵 K 我们需要参考图 2 - 19 的下半部分，即历元更新方法与一种外推算法。整个更新周期为每秒更新一次，在每一个积分周期内都将以毫秒量级的计算速度完成外推计算。如果我们假定积分的动态特性是连续的，我们的滤波器将是一个既包含离散测量量又含有连续动态特性的复合滤波器。

数据更新过程中，在计算卡尔曼增益矩阵之前，首先将基于观测矩阵 H 与当前计算值 P 和 K 来更新协方差矩阵 P。利用状态转换矩阵 Φ 和过程协方差矩阵 Q，协方差矩阵 P 在每一步积分过程中都将被外推一步。

现在，卡尔曼增益矩阵可以通过当前时刻的 P 矩阵、H 矩阵以及测量噪声的协方差矩阵 R 进行更新。如前所述，计算过程中需要进行诸多矩阵运算。CADAC＋＋软件包在其 Matrix 类中提供了技术支持。利用这个矩阵计算操作工具，读者在进行矩阵计算程序编写时可以像书写方程一样方便。

2.5.4　滤波器的实现

在介绍 EKF 算法实现条件之前，必须强调一下 CADAC＋＋程序包的结构特征（见附录 A.3）。程序包中 Matrix 类的方法主要适用于一阶和二阶的结构数组。然而，在计算初

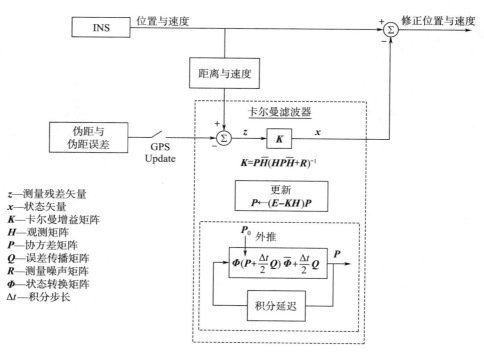

图 2-19　用于 GPS 伪距与误差位置的扩展卡尔曼滤波器

始阶段这些数组将作为模块化变量被传递，并且函数的输出不能超过 3×1 与 3×3 的矩阵维度。这个维度限制规则在航空航天领域的应用中是完全可以接受的，并已经被继承应用。在应用滤波器计算时，将涉及到高维数组参数计算及处理。在本书的算例中，状态矢量 x 为 8×1 维列矢量、协方差矩阵 P 为 8×8 维矩阵。

矩阵 x 与 P 都是按照递归规则进行迭代，因此计算值需要保存到下一个计算周期内。所以，为了将这些参数值作为模块变量传递到函数 gps（）外，它们必须被离散开进行保存。CodeEx 2.11 程序包中是将状态变量 x 分解成位置更新变量 SXH 与速度更新变量 VXH，每个变量均为 3×1 矢量。

```
//为输出参数对状态变量进行分解
for(int m=0;m<3;m++){
SXH. assign_loc(m,0,XH. get_loc(m,0));
VXH. assign_loc(m,0, XH. get_loc(m+3,0));
}
CXH. assign_loc(0,0, XH. get_loc(6,0));
CXH. assign_loc(1,0,XH. get_loc(7,0));
```
CodeEx 2.11　分解状态矢量 x

状态变量 x 中的钟差和频率偏差，将被载入 2×1 的数组 CXH 中。工具函数 get_loc（）和 assign_loc（）是属于 Matrix 类的应用函数（见 utility_functions.cpp）。在分解完状态变量之后，SXH 与 VXH 参数值将被送入 INS 模块。协方差矩阵 P 的拆解与打包操作是比较棘手的，如 **CodeEx** 2.12 所示。8×8 矩阵 PP 被分解成 8 个行矢量 VEC1/VEC2⋯VEC8，并且每个行矢量都被载入一个 3×3 矩阵 PP1/PP2⋯PP8 之中，其中最后一个矩阵元素皆为 0。

　　对协方差矩阵 P 进行打包操作是在 gps（）函数的开始部分，同拆解过程相反，在此仅仅是稍加描述，详细内容见 CodeEx 2.13 所示。首先，8 个 3×3 矩阵 PP1/PP2⋯PP8 均是局部变量，这样利用它们可以得到局部的 8×1 矢量 VEC1/VEC2⋯VEC8，最后将这些量进行组合得到局部的协方差矩阵 PP。

```
for(int n=0;n<8;n++){
VEC1. assign_loc(n,0,PP. get_loc(0,n));
VEC2. assign_loc(n,0, PP. get_loc(1, n));
…
VEC8. assign_loc(n,0, PP. get_loc(7, n));
}
PP1 = VEC1. mat33_vec9();
PP2 = VEC2. mat33_vec9();
…
PP8 = VEC8. mat33_vec9();
//载入结构变量
//保存滤波参数值
hyper[767]. gets_mat(PP1);
hyper[768]. gets_mat(PP2);
…
hyper[774]. gets_mat(PP8);
```

CodeEx 2.12　协方差矩阵 P 的分解

　　另外，还需要一些高维数组作为中间变量。观测矩阵 H 在每个计算周期内都将被进行计算更新。由于在外推计算时用不到这个矩阵，因此它可以定义为一个局部变量 Matrix HH（8，8）。状态转移矩阵 $\boldsymbol{\Phi}$ 和过程协方差矩阵 Q 在外推计算过程中必须是可用的。但是，状态转移矩阵 $\boldsymbol{\Phi}$ 参数值不改变，因此可以被定义为静态变量 PHI。再有，用于计算状态转移矩阵 $\boldsymbol{\Phi}$ 的基本矩阵 F，同样是个局部常量并被定义为静态变量 FF（如 CodeEx 2.14 所示）。

　　在研究过程中一般不鼓励利用静态变量，这主要是由于这些静态变量容易引起参数值的混淆。作为使用规则，函数库 CADAC++ 一般不允许使用静态变量。由于这些数组一直是作为常值矩阵出现，并适用于所有飞行器算例，因而在此作为一个例外在函数 gps（）中使用了静态变量。

```
//提取滤波器保存数据
Matrix PP1 = hyper[767]. mat();
Matrix PP2 = hyper[768]. mat();
…
```

```
Matrix PP8＝hyper、[774].mat();
//由保存的 3×3 矩阵组合成方差矩阵
Matrix VEC1＝PP1.vec9_mat33();
Matrix VEC2＝PP2.vec9_mat33();
...
Matrix VEC8＝PP8.vec9_mat33();
for (int n＝0;n＜8;n＋＋){
PP.assign_loc(0,n,VEC1.get_loc(n,0));
PP.assign_loc(1,n,VEC2.get_loc(n,0));
...
PP.assign_loc(7,n,VEC8.get_loc(n,0));
}
```

CodeEx 2.13　合成方差矩阵 P

```
static Matrix FF(8,8);　//常量,对于所有飞行器都一样:静态
static Matrix PHI(8,8);　//常量,对于所有飞行器都一样:静态
Matrix XH(8,l);　//局部
Matrix RR(8,l);　//局部
Matrix QQ(8,l);　//局部
Matrix HH(8,l);　//局部
Matrix PP(8,l);　// 严格的,必须进行保存,将被分解成 8 个 PPx 矩阵(3×3)
```

CodeEx 2.14　静态局部数组

现在转而来看 EKF 算法在函数 gps () 中的计算流程结构，如图 2－20 所示。

首先，在 mgps＝1 时，参数矩阵的初始化以及状态转移矩阵 $\boldsymbol{\Phi}$ 的计算如下

$$\boldsymbol{\Phi} = \boldsymbol{E} + \boldsymbol{F}\Delta t + \frac{1}{2}(\boldsymbol{F}\Delta t)^2 \qquad (2-21)$$

式中　$\boldsymbol{F}$ ——基础矩阵；

　　　$\boldsymbol{E}$ ——单位矩阵；

　　　Δt ——积分步长。

这时，进入一个 5～10 s 的较长的时间周期，期间卫星被捕获，协方差矩阵 $\boldsymbol{P}$ 以 Δt 的积分步长进行迭代计算

$$\boldsymbol{P} \leftarrow \boldsymbol{\Phi}\left(\boldsymbol{P} + \frac{\Delta t}{2}\boldsymbol{Q}\right)\bar{\boldsymbol{\Phi}} + \frac{\Delta t}{2}\boldsymbol{Q} \qquad (2-22)$$

在 GPS 的第一步计算中，滤波器参数即被更新一次，包括增益矩阵 $\boldsymbol{K}$ 的计算、状态变量 $\boldsymbol{x}$ 的更新以及方差矩阵 $\boldsymbol{P}$ 的更新

$$\boldsymbol{K} = \boldsymbol{P}\bar{\boldsymbol{H}}(\boldsymbol{H}\boldsymbol{P}\bar{\boldsymbol{H}} + \boldsymbol{R})^{-1} \qquad (2-23)$$

$$\boldsymbol{x} = \boldsymbol{K}\boldsymbol{z} \qquad (2-24)$$

$$\boldsymbol{P} \leftarrow (\boldsymbol{E} - \boldsymbol{K}\boldsymbol{H})\boldsymbol{P} \qquad (2-25)$$

增益矩阵的计算包括一次逆运算。由于求逆的所有矩阵都是正定的，因而不会出现奇

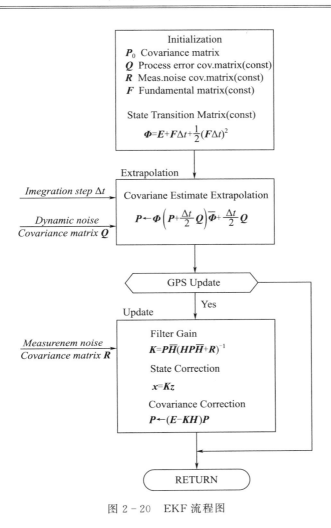

图 2-20 EKF 流程图

异性问题。

在大约 1 s 内,协方差矩阵 P 将被迭代计算直至得到下一个 GPS 测量值,之后再进行一次更新计算。整个计算流程一直进行直至 GPS 接收机无法获得可靠的四颗导航星信息或者被人为地终止。

初始化协方差矩阵 P_0、过程误差协方差矩阵 Q 以及测量噪声协方差矩阵 R 三个矩阵共同决定了滤波器的性能。这三个矩阵将在 6.4.2 节作为工具来调谐滤波器性能,正如传统滤波器的增益调参一样。

协方差初始矩阵 P_0 是一个 8×8 对角矩阵,其中包含了惯性位置方差 σ^2_{ppos},惯性速度方差 σ^2_{pvel},钟差方差 σ^2_{pb},时钟频率方差 σ^2_{pf}。这些参数的数值在文件 input.asc 中赋予得到。随着矩阵 P 不断迭代和更新,其非对角元素逐渐被赋值,从而整个矩阵是完全相关的。

$$P_0 = \begin{bmatrix} \sigma_{\text{ppos}}^2, 3 \text{ 维对角阵} & \mathbf{0}_{3\times3} \\ \mathbf{0}_{3\times3} & \sigma_{\text{pvel}}^2, 3 \text{ 维对角阵} \\ \mathbf{0}_{2\times3} & \mathbf{0}_{2\times3} \end{bmatrix}$$

过程误差协方差矩阵 Q 是一个 8×8 对角矩阵，由于在整条轨迹上矩阵元素始终保持为常量，因而在导航解算过程中一直保持为对角矩阵状态。它的方差同 P 矩阵是一致的，但是在函数 input.asc 中为两个矩阵分配的输入值是不相同的。矩阵 Q 如下

$$Q = \begin{bmatrix} \sigma_{\text{qpos}}^2, 3 \text{ 维对角阵} & \mathbf{0}_{3\times3} & \mathbf{0}_{3\times2} \\ \mathbf{0}_{3\times3} & \sigma_{\text{qvel}}^2, 3 \text{ 维对角阵} & \mathbf{0}_{3\times2} \\ \mathbf{0}_{2\times3} & \mathbf{0}_{2\times3} & \begin{matrix} \sigma_{qb}^2 & 1 \\ 0 & \sigma_{qf}^2 \end{matrix} \end{bmatrix}$$

测量噪声协方差矩阵 R 同样也是一个 8×8 对角矩阵，并且在整条轨迹中保持为常值矩阵。R 矩阵表达如下

$$R = \begin{bmatrix} \sigma_{\text{rpos}}^2, 4 \text{ 维对角阵} & \mathbf{0}_{4\times4} \\ \mathbf{0}_{4\times4} & \sigma_{\text{rvel}}^2, 4 \text{ 维对角阵} \end{bmatrix}$$

矩阵 R 的方差参数 σ_{rpos}^2 与 σ_{rvel}^2 表征了径向距离测量参数与距离变化率的准确程度。以上三个矩阵 $P_0 \setminus Q \setminus R$ 的数值如 CodeEx 2.15 所示。

```
ppos      5        //协方差矩阵 lsig 初始位置值:m
pvel      0.2      //协方差矩阵 lsig 初始速度值:m/s
pclockb   3        //协方差矩阵 lsig 初始钟差偏差值:m
pclockf   1        //协方差矩阵 lsig 初始时钟频率偏差值:m/s
qpos      0.1      //过程误差协方差矩阵 lsig 初始位置值:m
qvel      0.01     //过程误差协方差矩阵 lsig 初始速度值:m/s
qclockb   0.5      //过程误差协方差矩阵 lsig 初始钟差值:m
qclockf   0.1      //过程误差协方差矩阵 lsig 初始频率偏差值:m/s
rpos      1        //频率谱密度矩阵 lsig 位置参数值:m
rvel      0.1      //频率谱密度矩阵 lsig 速度参数值:m/s
```

CodeEx 2.15　协方差矩阵 P、Q、R 的标准差

三个矩阵的所有元素都统一量纲为 m 与 m/s。

现在我们可以更加详细地了解观测矩阵 H 与测量量 z 了，并在 2.4 节已经对这两个量的物理意义进行了详细介绍。在图 2-21 中，给出了仿真计算中名称定义。对于每次捕获的用于导航计算的四颗导航星，变量 dsb_meas_i、dvsb_meas_i 都有具体的计算公式，INS 给出量 dsbc_i 与 dvsbc_i 每次都要减去测量残差 z。观测矩阵 H 为 8×8 矩阵，包含了一个 4×3 子矩阵，该子矩阵由每颗卫星对应的单位矢量 $[U_{SB}]_i^{\,!}$ 按行组合而成，$[U_{SB}]_i^{\,!}$ 是一个建立在惯性系下的由用户 B 指向导航星 S_i 的单位矢量。这些径向单位矢量，一旦在笛卡儿直角坐标系下表达出来，就将具有含有三角函数的表达形式。因此，观测矩阵 H 是一个非线性矩阵。

CodeEx 2.16 部分给出了测量量 ZZ 与观测矩阵 HH 的代码。由于可以得到两组相互独立的四个测量值，因而将第一个 for 循环数值设定为 4 更有利于导航解算。由 $[U_{SB}]_i^I$ 与 $\Delta\tau\,[U_{SB}]_i^I$ 所合成的子矩阵为 4×3 维，则 for 循环数值设定为 3。

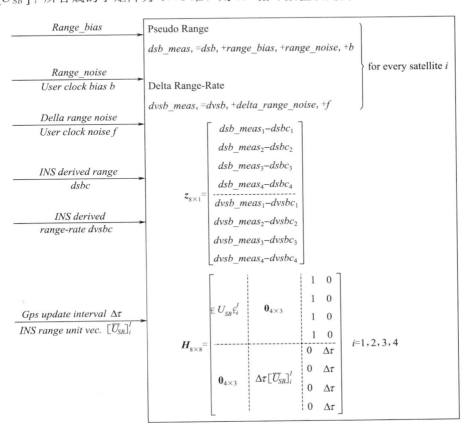

图 2-21　观测矩阵 H 与测量量 z

```
for(int i=0;i<4;i++){
...
    //往测量矢量中载入残差测量量
    ZZ[i]=dsb_meas−dsbc;
    ZZ[i+4]=dvsb_meas−dvsbc;
    //滤波器观测矩阵
    for(j=0;j<3;j++){
    HH. assign_loc(i,j,USSBI. get_loc(j,0));
    HH. assign_loc(i+4,j+3,USSBI. get_loc(j,0) * gps_step);
    }
HH. assign_loc(i,6,l);
HH. assign_loc(i+4,7,gps_step);
}
```

CodeEx 2.16　构建测量数组 ZZ 与观测矩阵 HH

　　CodeEx 2.17 给出了函数 gps（）中的滤波器方程代码，与文中方程编号对应。另外，在程序代码中更新了钟差偏差项。

　　缩减后的程序代码是对 Matrix 类函数及其方法应用的另一个算例。将算法所涉及的计算公式按分块形式写出将会令代码更简洁，但会容易出错。积分步长大小贯穿整个 gps 函数（double int_step），所有的算术运算都涉及了大量的数组计算。在此再次强调一遍，$n \times 1$ 与 $n \times n$ 矩阵是不严格约束的。仅仅当传递模块变量时，需要严格要求矩阵为 3×1 与 3×3 维。

　　至此基于扩展卡尔曼滤波器的 GPS 导航建模工作已经完成。滤波器为更新速率较慢的 GPS 信号与更新速率较快的 INS 信号建立起了紧密联系，具体内容将在下一章进行讨论。我们选择应用强耦合滤波器，其中除了利用四个伪距之外，还利用了与载波频率无关的四个距离偏差，并且状态矢量残差参与了计算。

　　基础矩阵包含了 INS 与用户时钟的动态信息。INS 动态特性是通过三个积分器进行简化建模的，同时用户时钟被简化成一个二阶系统。幸运的是，状态转移矩阵 **Φ**、过程误差协方差矩阵 **Q**、测量噪声协方差矩阵 **R** 都是常值矩阵，由此使得计算程序变得更加简单。

```
Eq. (2-21)
//状态转移矩阵:常值矩阵
Matrix EYE(8,8);
PHI=EYE. identity()+FF * int_step+FF * FF * (int_step * int_step/2);
Eq. (2-22)
//协方差矩阵的外推估值
PP=PHI * (PP+QQ * (int_step/2)) * ~PHI+QQ * (int_step/2);
Eq. (2-23)
//滤波增益
Matrix KK(8,8);
KK=PP * ~HH * (HH * PP * ~HH+RR). inverse();
Eq. (2-24)
//状态修正
XH=KK * ZZ;
Eq. (2-25)
//协方差矩阵修正
Matrix EYE(8,8);
PP=(EYE. identity()-KK * HH) * PP;
//钟差偏差修正
ucbias_error=ucbias-error-XH. get_loc(6,0);
```

CodeEx 2.17 滤波方程程序

　　另一步简化就是在状态矢量 **x** 中不再引入 INS 姿态偏差状态。GPS 信息在修正姿态偏差方面是极不可靠的，并且运载器在上升段飞出大气层时间较短，对于这个问题将利用星敏感器信息来更新姿态，这将在第 4 章进行讨论。

第3章 惯性导航系统 (INS)

所有的现代航天器一般都使用 INS 进行导航。它们形式各异,从高精度平台到低成本的捷联惯性系统。但它们都使用相同的解算原理,也就是,通过对加速度进行两次积分获取位置信息。

加速度由加速度计测得,加速度计安装在导航平台或飞行器机身上。加速度计的测量信息被转化到导航坐标系下进行积分。对平台系统而言,内框为导航平台,同时,导航系统以捷联系统测量工具为框架。另外一种情况是,通过陀螺仪测量信息使平台保持为水平,靠对给定传感器施加扭矩,或通过计算给出一个转换矩阵,来维持平台的指定方位。

多年来,捷联系统已经成为惯性导航的主导,其优点是价廉、小巧,并且易于维护,缺点是精度低,但可以通过 GPS 数据频繁修正来解决。实际应用时,更新数据频率为1 s。本章不考虑 GPS 信号丢失或电子干扰。

3.1 工作原理

基于牛顿定理,飞行器相对惯性坐标系的速度 $[v_B^I]^I$ 以及相对惯性参考点 I 的位置 $[s_{BI}]^I$ 在惯性坐标系下的导航计算方程为

$$\left[\frac{\mathrm{d}s_B^I}{\mathrm{d}t}\right]^I = [\overline{T}]^{BI}[f_{sp}]^B + [g]^I$$

$$\left[\frac{\mathrm{d}s_B}{\mathrm{d}t}\right]^I = [v_B^I]^I$$

式中 $[f_{sp}]^B$ ——加速度计测量得到的比力;

$[g]^I$ ——惯性坐标系下的重力加速度。

加速度计安装在飞行器或平台上。另外,$]^B$ 表示相关坐标系。飞行器在惯性坐标系下的陀螺角速度 $[\omega^{BI}]^I$ 积分后传送给机体坐标系 B 相对惯性坐标系 I 的旋转张量 $[R^{BI}]^I$,其值与机体坐标系 B 到惯性坐标系 I 的转换矩阵 $[T]^{BI}$ 的转置相等,即 $[R^{BI}]^I = [\overline{T}]^{BI}$。图 3-1 给出了工作原理框图。从加速度 $[f_{sp}]^B$ 和角速率 $[\omega^{BI}]^B$ 开始,对比力 $[a_B^I]^I$ 与重力加速度的和进行两次积分,可以得到飞行器的位置信息。基本导航解的求取需要解六个差分方程,而要得到姿态角还需要另外的四个四元素差分方程。

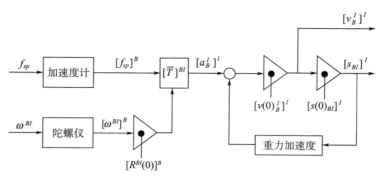

图 3-1　INS 工作原理

3.1.1　误差模型

这里不关注实际的导航硬件，只研究 INS 的误差对整个飞行器性能的影响及其误差方程。9 个误差变量分成三个 3×1 矢量：$[\varepsilon s_{BI}]^{\hat{I}}$，$[\varepsilon v_{BI}]^{\hat{I}}$，$[\varepsilon r^{I\hat{I}}]^{\hat{I}}$。它们是计算惯性坐标系 $]^{\hat{I}}$ 下的位置、速度和失准角误差。失准角误差矢量由 3×3 的斜对称扰动张量 $[\varepsilon R^{I\hat{I}}]^{\hat{I}}$ 的元素组成，包含三个小的失准角：$\varepsilon\psi$，$\varepsilon\theta$，$\varepsilon\varphi$

$$[\varepsilon R^{I\hat{I}}]^{\hat{I}} = \begin{bmatrix} 0 & -\varepsilon\psi & \varepsilon\theta \\ \varepsilon\psi & 0 & -\varepsilon\varphi \\ -\varepsilon\psi & \varepsilon\varphi & 0 \end{bmatrix} ; [\varepsilon r^{I\hat{I}}]^{\hat{I}} = \begin{bmatrix} \varepsilon\varphi \\ \varepsilon\theta \\ \varepsilon\psi \end{bmatrix}$$

图 3-2 给出了 ROCKET6G 仿真程序中的实现过程。导航误差是基于仿真得到的真实导航状态与工具误差计算得到的，其值加上真实状态即为导航解。

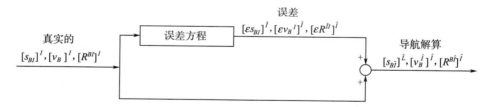

图 3-2　真实导航解算的误差修正

在 ROCKET6G 中，INS 的程序嵌入在 ins. cpp 模块中。它由三个子函数组成：ins_def（），ins_init（）和 ins（）。ins_def（）函数对 ins. cpp 模块中的所有变量进行了定义。对于 CADAC++算例中的常规偏差，工具误差是指定值，它包含了高斯分布中得到的随机数。另外，在极端情况下，CADAC++的初始化模块会将所有的模块变量设置为 0。

3.1.2　传递对准

ins. cpp（）函数对 INS 中的传递对准进行建模。它的精度由 9×9 的协方差矩阵 $\boldsymbol{P}$。

给定，分别用 $[\varepsilon s_{BI}]^{\hat{i}}$，$[\varepsilon v_{BI}]^{\hat{i}}$ 和 $[\varepsilon r^{\hat{i}}]^{\hat{i}}$ 表示位置误差、速度误差和失准角误差。3 个 3 ×1 的误差矢量整合形成一个 9×1 的矢量 εx。对于随机的初始化状态矢量 εx，其值等于 9×1 的标准高斯种子左乘 9×9 的协方差矩阵平方根。

$$[\varepsilon x] = [\sqrt{P_0}][\text{gauss}] \tag{3-1}$$

P_0 的平方根通过 Cholesky 功能函数计算。在 ins_init（）函数中，对 P_0 赋典型值。需要注意的是，传递对准产生的是一个相关协方差矩阵，而不仅仅是一个对角矩阵。

CodeEx 3.1 是计算 P_0 平方根的步骤：获取具有单位方差的高斯数，计算初始状态误差矢量，最后把它变成三个误差矢量 ESBI，EVBI，RICI。

```
//getting square root of covariance matrix
Matrix APP_INIT = PP_INIT.cholesky();

//drawing Gaussian 9×1 vector with unit std deviation
Matrix GAUSS_INIT(9,1);
for(int r=0; r<9; r++){
    GAUSS_INIT.assign_loc(r,0, gauss(0,1));
}
//forming stochastic initial state vector
Matrix XX_INIT = APP_INIT * GAUSS_INIT;
XX_INIT *= (1+frax_algnmnt);

//forming subvectors for initialization and converting tilt to radians
ESBI.build_vec3(XX_INIT[0], XX_INIT[1], XX_INIT[2]);
EVBI.build_vec3(XX_INIT[3], XX_INIT[4], XX_INIT[5]);
RICI.build_vec3(XX_INIT[6], XX_INIT[7], XX_INIT[8]);
```

CodeEx 3.1　ins_init（）函数对 INS 传递对准进行建模

3.2　空间稳定的 INS

函数 ins（）用于导航解算。首先，基于调试目的，在 input.asc 设置 mins 为 0 可以得到完备的 INS，否则将使用全误差模型。

ROCKET6G 仿真时，选择空间稳定的误差模型。从概念上来说，空间稳定的 INS 是最简单的导航器件，因为平台就是其自身的惯性坐标系，不管是机械形式的还是计算机生成的。本文例子中，采用的是捷联系统和计算参考坐标系 I。详细的误差方程推导见 Zipfel（2014，10.2 节）。这里，重点介绍结构图和程序算法。

3.2.1　工具误差

首先介绍工具误差。捷联系统由正交布局的三个加速度计和三个陀螺仪组成。每个元器件的输出由于受零偏、比例因子误差，以及相对于火箭主体机身的安装误差影响导致精度降低。如果我们使用的是机械陀螺仪，那么由于陀螺仪质量的不平衡，加速度的数据将会耦合在陀螺仪测量信息中。图 3－3 给出了这些偏差的分配。真实的加速度和角速度测量 $[f_{sp}]^B$、$[\omega^{BI}]^B$ 会由于这些不确定性受到干扰，最终的输出为 $[\hat{f}_{sp}]^B$、$[\hat{\omega}^{BI}]^B$，两者的误差用 $[\varepsilon f_{sp}]^B$、$[\varepsilon\omega^{BI}]^B$ 来表示。

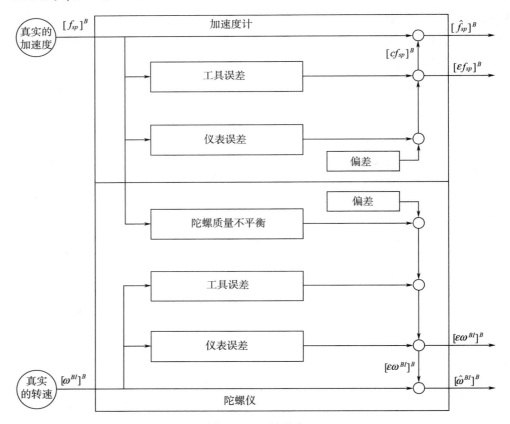

图 3－3　工具误差

ROCKET6G 使用非机械式的激光陀螺仪，它不受陀螺仪质量不平衡的影响。而且，假设加速度计总是安装在火箭的质心处；否则，Zipfel（2014）中问题 5.10 给出了修正。如前所述，所有工具误差的数据都在 ins＿def（）中给出。

每个设备都有自己的子函数 ins＿gyro 和 ins＿accel（）。重力误差模型程序在 ins＿grav（）中，详见 Zipfel（2014，10.2.4.3 小节）。

3.2.2　空间稳定的误差模型

现在介绍空间稳定的误差模型，见图 3－4，其基于图 3－1 中的通用结构。$[f_{sp}]^B$、$[\omega^{BI}]^B$ 的真实值分别由加速度计和陀螺仪测得。加速度计的测量数据为 $[\hat{f}_{sp}]^B$，陀螺仪测的为 $[\hat{\omega}^{BI}]^B$。加速度计和陀螺仪的工具误差是 $[\varepsilon f_{sp}]^B$、$[\varepsilon\omega^{BI}]^B$。陀螺仪误差被转换到惯性坐标系下，然后积分得到旋转矢量 $\left[\varepsilon r^{I\hat{I}}\right]^{\hat{I}}$

$$\left[\frac{\mathrm{d}\varepsilon r^{I\hat{I}}}{\mathrm{d}t}\right]^{\hat{I}} = \left[\overline{T}\right]^{BI}\left[\varepsilon\omega^{BI}\right]^{B} \qquad (3-2)$$

同时，单位矩阵减去其斜对称矩阵得到扰动转换矩阵（TM）

$$\left[T\right]^{\hat{I}I} = \left[E\right] - \left[\varepsilon R^{I\hat{I}}\right]^{\hat{I}}$$

上式乘以真实的 TM，得到计算的 TM

$$\left[T\right]^{B\hat{I}} = \left[T\right]^{BI}\left[\overline{T}\right]^{\hat{I}I}$$

对测量的比力进行积分来获得速度误差 $\left[\varepsilon v_B^I\right]^{\hat{I}}$

$$\left[\frac{\mathrm{d}\varepsilon v_B^I}{\mathrm{d}t}\right]^{\hat{I}} = \left[\overline{T}\right]^{BI}\left[\varepsilon f_{sp}\right]^{B} - \left[\varepsilon R^{I\hat{I}}\right]^{\hat{I}}\left[T\right]^{BI}\left[\hat{f}_{sp}\right]^{B} + \left[\varepsilon g\right]^{\hat{I}} \qquad (3-3)$$

其中，引力干扰见 Zipfel（2014，例子 10.94）

$$\left[\varepsilon g\right]^{\hat{I}} = -\frac{GM}{\left|s_{B\hat{I}}\right|^3}\left[\varepsilon s_{B\hat{I}}\right]^{\hat{I}} - 3\frac{GM}{\left|s_{B\hat{I}}\right|^4}\left[\varepsilon s_{B\hat{I}}\right]^{\hat{I}}\left|\varepsilon s_{BI}\right| \qquad (3-4)$$

引力对误差方程的影响主要有两个重要部分。第一个是由于位置误差 $\left[\varepsilon s_{BI}\right]^{\hat{I}}$ 引起的引力失常，第二个是由于地心距离 $\left[\varepsilon s_{BI}\right]$ 的不确定性引起的误差。

方程（3-2）和方程（3-3）包含在图 3-4 中的框图中。利用方程（3-2）对陀螺角速度积分，得到旋转误差矢量 $\left[\varepsilon r^{I\hat{I}}\right]^{\hat{I}}$，这导致 $\left[T\right]^{BI}$ 变差成为 $\left[T\right]^{B\hat{I}}$。方程（3-3）使用 TM 来计算速度误差 $\left[\varepsilon v_B^I\right]^{\hat{I}}$，再通过一次积分得到位置误差 $\left[\varepsilon s_{BI}\right]^{\hat{I}}$。和真实状态相结合，最终得到 INS 导航输出数据 $\left[s_{B\hat{I}}\right]^{\hat{I}}$，$\left[v_B^{\hat{I}}\right]^{\hat{I}}$。

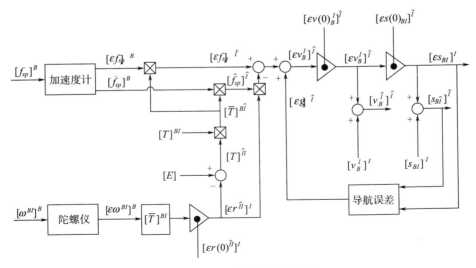

图 3-4 空间稳定误差模型

在函数 ins（）中进行代码编程，首先计算姿态误差，如 CodeEx 3.2 所示。

```
//calculating attitude errors
EWBIB＝ins_gyro(WBICB，int_step)；
Matrix RICID NEW＝～TBI * EWBIB；
RICI＝integrate(RICID_NEW，RICID，RICI，int_step)；
RICID＝RICID_NEW；
```

CodeEx 3.2　姿态误差

陀螺仪子函数返回机体坐标系下工具误差参数 EWBIB，转换到惯性坐标系下后积分得到 RICI，即旋转矢量 $[\varepsilon r^{I\hat{i}}]^{\hat{i}}$。

速度和位置误差的计算程序如 CodeEx 3.3 所示。子函数 ins _ accl（）中加速度计工具误差与随机游走计算相结合。子函数 ins _ grav（）提供引力摄动参数，见方程（3 - 4）。速度误差 EVBI 根据积分得到，见方程（3 - 3）。另一个积分得到位置误差 ESBI。

最后，ins（）函数提供导航参数：SBIIC，VBIIC，WBICI，或者 $[s_{B\hat{i}}]^{\hat{i}}$，$[v_B^{\hat{i}}]^{\hat{i}}$，$[w_B^{\hat{i}}]^{\hat{i}}$，如 CodeEx 3.4 所示。SBIIC，VBIIC 在导航模型中使用，而 WBICI 在 GPS 模块中使用。

```
//calculating velocity error
//accelerometer error(bias，scale factor，misalignment)
EFSPB＝ins_accl()；
//acceleration measurement with random walk effect
FSPCB＝EWALKA＋EFSPB＋FSPB；
//gravitational error
Matrix EGRAVI＝ins_grav(ESBI，SBIIC)；
//integrating velocity error equation
Matrix TICB＝～TBIC；
Matrix EVBID_NEW＝TICB * EFSPB－RICI. skew_sym() * TICB * FSPCB＋EGRAVI；
EVBI＝integrate(EVBID_NEW，EVBID，EVBI，int_step)；
EVBID＝EVBID_NEW；


//calculating position error
Matrix ESBID_NEW＝EVBI；
ESBI＝integrate(ESBID_NEW，ESBID，ESBI，int_step)；
ESBID＝ESBID_NEW；
```

CodeEx 3.3　速度和位置误差

```
//computing INS derived position of hyper B wrt center of Earth I
SBIIC＝ESBI＋SBII；
//computing INS derived velocity of hyper B wrt inertial frame I
VBIIC＝EVBI＋VBII；
//computing INS derived body rates in inertial coordinates
WBICI＝～TBIC * WBICB；
```

CodeEx 3.4　导航变量

接下来在 ins（）函数中计算的是用于自动驾驶仪的几个角度（基于不确定的 INS 测量值）：迎角、飞行路径角以及欧拉角。

本章完整地讨论了 INS 建模。但在学习它与 GPS/卡尔曼滤波器的共生关系之前，我们必须对星敏感器进行建模，星敏感器主要对 GPS 提供姿态修正。

第 4 章　星敏感器

星敏感器（Star - Tracker）已经在大气层外的火箭、助推器、空间飞行器姿态控制领域使用了超过 50 年。通过锁定若干已知位置的恒星，可以确定空间飞行器的姿态。

星敏感器用于校正姿态或消除捷联 INS 的误差。既然 INS 和星敏安装在同一个结构上，本体的偏差可由这个误差描述。

为了实施该过程，我们需要加载最亮的 25 个恒星的星表，并且确定地平线之上的可视恒星。然后选择在空间呈最优分布的三个恒星，测量它们在本体坐标系的方位角和仰角，之后将视线转换成惯性系下的单位矢量。由 INS 生成的单位矢量和星表中真实单位矢量做比较，可得出 INS 的偏差。

4.1　星表

最亮恒星的星表由多个组织持有：美国海军、NASA、耶鲁大学与哈佛大学。最亮的 25 个恒星的星表最方便的形式由 Cosmobrain 汇编，如图 4 - 1 所示，每个恒星的视线以 J2000 惯性系下的单位矢量形式给出。因为我们在地面附近，所有相同的单位矢量可用于火箭。

1	Sirius	−.179457,	.947482,	−.264715
2	Canopus	−.062053,	.621699,	−.780794
3	Rigil Kent	−.395709,	−.321011,	−.860446
4	Arcturus	−.787739,	−.518432,	.332710
5	Vega	.119339,	−.770881,	.625697
6	Rigel	.205167,	.969392,	−.134851
7	Capella	.141589,	.680716,	.718733
8	Procyon	−.407741,	.908325,	.093239
9	Achernar	−.434428,	−.251576,	−.864859
10	Hadar	−.434428,	−.251576,	−.864859
11	Altair	.449879,	−.880088,	.151836
12	Aslebaran	.355451,	−.890944,	.282620
13	Acrux	−.479412,	−.04++65,	−.876767
14	Betelgeusc	.032446,	−.049965,	−.876167
15	antares	−.357911,	−.827083,	−.433397
16	Spica	−.923975,	−.348220,	−.158158
17	Pollux	−.380630,	.795326,	.471781
18	Fomalhaut	.846686,	−.247176,	−.471268
19	Deneb	.453017,	−.541322,	.708340
20	Mimosa	−.511331,	−.101246,	−.853399
21	Regulus	−.858250,	.467448,	.211893
22	Adhara	−.217999,	.863108,	−.455545
23	Bellatrix	.161912,	.980685,	.109734
24	Shaula	−.103643,	−.792588,	−.600885
25	E1 Nath	.140796,	.866902,	.478181

图 4 - 1　J2000 惯性系下最亮恒星的单位矢量

Cosmobrain 在其网站上参考 Hoffleit 和 Warren（1991）展示这个列表，然而最近换成了一种新格式，这种格式对于使用者来说没有之前的方便。

4.2　恒星测量

我们需要从星表中挑出三个最好的恒星。第一个准则需要火箭对恒星可见。在它们之中，我们挑选可观性最好的三个。对于计算来说，我们使用专用的单位矢量。图 4-2 描述了飞行器和恒星的几何关系。

飞行器在 B 点，相对于地心 I 的单位矢量为 $\hat{\boldsymbol{u}}_{BI}$，上尖号表示该单位矢量由火箭捷联 INS 计算得出。单位矢量 $\boldsymbol{u}_{SI}$ 为恒星 S 的方向，由星表给出。由于恒星相比于地球半径过于遥远，将 $\boldsymbol{u}_{SI}$ 平移至 B 点时没有必要进行视差修正。

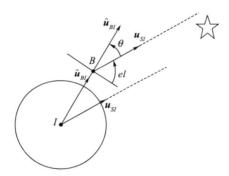

图 4-2　使用者和恒星的单位矢量

恒星相对于当地水平面的仰角为

$$\sin(el) = \cos\theta = \bar{\boldsymbol{u}}_{SI}\hat{\boldsymbol{u}}_{BI}$$

可见的恒星的仰角必须大于最小仰角 $el_{\min}$

$$el > el_{\min}$$

在这些可见的恒星中，我们挑出那些由单位矢量生成的平行六面体，一组三个。将其面积最大化如下

$$V_{\max} = \max |\bar{\boldsymbol{u}}_{S_1 I}\boldsymbol{u}_{S_2 I}\boldsymbol{u}_{S_3 I}|$$

通过最大化其面积来最大化三个一组的可观性。

像选择最优 GPS 卫星星座一样（2.1.9 节），我们必须通过大量组合迭代 m

$$m = \binom{n}{q} = \frac{n!}{q!(n-p)!}$$

n 为可见恒星的数量，$q = 3$。如果有 12 个可见恒星，总共有组合

$$m = \binom{12}{3} = 220$$

4.2.1 探测器

三个探测器跟踪一组恒星。每个探测器包含两个光电二极管、分光镜、功率表和一个聚焦物镜（图4-3）。星光通过透镜聚焦到镜面上，该镜面将光束平均分给两个光电二极管。光电二极管通过电缆与功率表相连。如果星敏感器完美地指向星光，功率表输出为零。任何偏离零的信号将转换为操纵信号使恒星在星敏感器中心。

光电二极管反复出现的一个问题是校准。过去，二极管敏感度的变化将导致电流输出的再平衡，这项工作令人厌烦。新的设计克服了这个缺点，具体为在焦平面上布置光电管阵列。由于像素密度非常高，设计达到或超过了原来的精度。

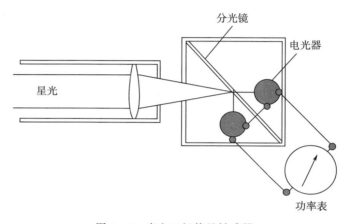

图4-3 光电二极管星敏感器

在我们的 ROCKET6G 仿真中，我们将真实的恒星视线加入测量误差。首先，我们在火箭本体坐标系中描述星表中的单位矢量

$$[u_{SI}]^B = [T]^{BI}[u_{SI}]^I$$

然后计算方位角和仰角

$$az = \arctan\left(\frac{(u_{SI})_2^B}{(u_{SI})_1^B}\right) \quad el = \arctan\left(\frac{-(u_{SI})_3^B}{\sqrt{((u_{SI})_1^B)^2 + ((u_{SI})_2^B)^2}}\right)$$

之后在真值上加入漂移和噪声

$$az_m = az + az_{bias} + az_{noise}$$

$$el = el + el_{bias} + el_{noise} \tag{4-1}$$

典型的误差为：漂移标准差 0.1 mrad，由高斯分布初始化。噪声为标准差 0.05 mrad，50 Hz带宽，由高斯/马尔科夫过程连续生成。

4.3 失准角更新

通过比较三恒星测量真实单位矢量在真实惯性系的分量与测量单位矢量在计算惯性系的分量，可以计算 INS 的姿态失准角误差。两者之差用于测量精度内更新 INS 的失准角偏差。

星表提供真实数据：$[\boldsymbol{u}_{S_1 I}]^I$，$[\boldsymbol{u}_{S_2 I}]^I$，$[\boldsymbol{u}_{S_3 I}]^I$，同时在本体系的测量值

$$[\tilde{u}_{S_i I}]^B = \begin{bmatrix} \cos(el_{m,i})\cos(az_{m,i}) \\ \cos(el_{m,i})\sin(az_{m,i}) \\ -\sin(el_{m,i}) \end{bmatrix}, i=1,2,3 \qquad (4-2)$$

转换到计算惯性系分量

$$[\tilde{u}_{S_i I}]^{\hat{I}} = [\overline{T}]^{B\hat{I}}[\tilde{u}_{S_i I}]^B, i=1,2,3 \qquad (4-3)$$

其中，$[\overline{T}]^{B\hat{I}}$ 为 INS 计算提供的转换矩阵的转置。

三星一组的测量和真实的单位矢量由转动张量 $\boldsymbol{R}^{\hat{I}I}$ 联系

$$\tilde{u}_{S_i I} = \boldsymbol{R}^{\hat{I}I}\boldsymbol{u}_{S_i I}, i=1,2,3 \qquad (4-4)$$

因为 INS 失准角偏差假设为小量，所以转动张量包含一个反对称扰动张量 $\varepsilon\boldsymbol{R}$ 和单位张量 $\boldsymbol{E}$

$$\boldsymbol{R}^{\hat{I}I} = \varepsilon\boldsymbol{R} + \boldsymbol{E}$$

上式在惯性系的分量为

$$[\boldsymbol{R}^{\hat{I}I}]^I = \begin{bmatrix} 1 & -\varepsilon\psi & \varepsilon\theta \\ \varepsilon\psi & 1 & -\varepsilon\varphi \\ -\varepsilon\theta & \varepsilon\varphi & 1 \end{bmatrix} \qquad (4-5)$$

其中，$\varepsilon\psi$，$\varepsilon\theta$，$\varepsilon\varphi$ 为 INS 失准角。为了更新 INS，$[\boldsymbol{R}^{\hat{I}I}]^I$ 由下式得到

$$\boldsymbol{R}^{\hat{I}I} = \tilde{u}_{S_i I}(\boldsymbol{u}_{S_i I})^{-1}, i=1,2,3$$

分量式为

$$[R^{\hat{I}I}]^I = \begin{bmatrix} [\tilde{u}_{S_1 I}]^{\hat{I}} & [\tilde{u}_{S_2 I}]^{\hat{I}} & [\tilde{u}_{S_3 I}]^{\hat{I}} \end{bmatrix} \begin{bmatrix} [u_{S_1 I}]^I & [u_{S_2 I}]^I & [u_{S_3 I}]^I \end{bmatrix}^{-1}, i=1,2,3$$

$$\qquad (4-6)$$

失准角更新如下式

$$\begin{bmatrix} \varepsilon\varphi \\ \varepsilon\theta \\ \varepsilon\psi \end{bmatrix} = \begin{bmatrix} (R^{\hat{I}I})^I_{32} \\ (R^{\hat{I}I})^I_{13} \\ (R^{\hat{I}I})^I_{21} \end{bmatrix}$$

然后发送至 INS 模块用于校正漂移误差。

4.4　实现

捷联 INS 计算飞行器相对计算惯性系 $\hat{I}$ 的姿态矩阵 $[T]^{B\hat{I}}$。由于存在漂移误差，星敏测量周期性地对姿态矩阵进行更新，如图 4 - 4 所示。

星敏感器捕获一组三个恒星后建立视线单位矢量在本体系 B 的分量，该矢量转换到计

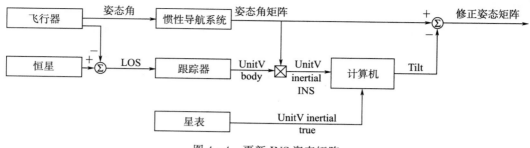

图 4 - 4　更新 INS 姿态矩阵

算惯性系 $\hat{I}$。失准角偏差算法把这些矢量与星表真实矢量比较，之后计算偏差修正发送至 INS 计算机。

在 ROCKET6G 中，startrack 模块实现 INS 姿态矩阵更新。模块包含 def - startrack（）和 startrack（）函数。后者调用两个子函数 star _ triad（）和 star _ init（）。图 4 - 5 中给出了程序流程图。3 个标志变量控制逻辑：

　　　　mstar ＝0 不进行恒星跟踪（缺省）

　　　　　　　　＝1 使能恒星跟踪（输入）

　　　　　　　　＝2 开始恒星更新

　　　　　　　　＝3 发送偏差校正至 INS（INS 模块重置 mstar＝2）

在激活星敏感器（mstar＝1）且火箭达到指定高度（startrack _ alt 达到 30 000 m）后，在一段时间延迟（star _ acqtime 20 s）后获得三个一组的恒星，此时 mstar＝2 第一次出现。当 mstar＝2 时，当高度检测保证恒星可视时，处理过程延时一个恒星步长 10 s。一旦可视成功，mstar＝3，开始更新，像 4.3 节讨论的一样。偏差校正发送至 INS，然后 INS 反过来重置 mstar＝2。

输入参数由 CodeEx 4.1 给出。可以发现变量 1 刚刚引入。之后，详细说明测量不确定性。Gaussian 漂移只在开始生成 1 次，而相关 Markov 噪声在仿真中全程加入。

```
//star tracker
mstar 1 // 'int'＝0: no star track; ＝1: init ; ＝2:waiting; ＝3:update
star—el—min 1 //Minimum star elev angle from horizon — deg
startrack—alt 30000 // Altitude of star tracking — m
star—acqtime 20 // Initial acquisition time for the star triad — s
star—step 10 //Star fix update interval — s
GAUSS azl—bias 0 0.0001 //Star azimuth error 1 bias — rad
GAUSS az2—bias 0 0.0001 //Star azimuth error 2 bias — rad
GAUSS az3—bias 0 0.0001 //Star azimuth error 3 bias — rad
MARKOV azl—noise 0.00005 50 //Star azimuth error 1 noise — rad
MARKOV az2—noise 0.00005 50 //Star azimuth error 2 noise — rad
MARKOV az3—noise 0.00005 50 //Star azimuth error 3 noise — rad
GAUSS el1 — bias 0 0.0001 //Star elevation error 1 bias — rad
```

GAUSS el2－bias 0 0.0001 //Star elevation error 2 bias － rad

GAUSS el3－bias 0 0.0001 //Star elevation error 3 bias － rad

MARKOV el1－noise 0.00005 50 //Star elevation error 1 noise － rad

MARKOV el2－noise 0.00005 50 //Star elevation error 2 noise － rad

MARKOV el3－noise 0.00005 50 //Star elevation error 3 noise － rad

CodeEx 4.1　星敏感器输入参数

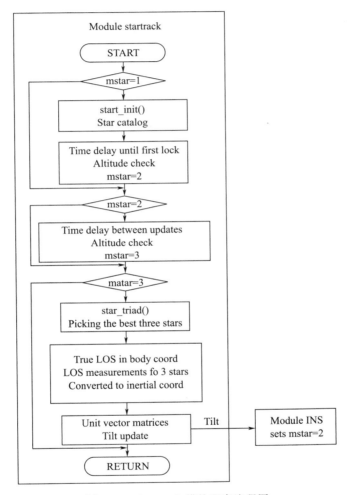

图 4 - 5　Startrack 模块程序流程图

为加载恒星数据，startrack（）函数调用子函数

void Hyper∷star－init（double ＊star－data，string ＊star－names）

该函数读入 double 数组 star_catalog_data［25］［3］和字符串数组 star_catalog_names［25］。使用指针算法，数据加载至 ＊star_data 和 ＊star_names 矩阵里，维度在 startrack（）函数中定义，如 CodeEx 4.2 所示。值得注意的是，这些变量是静态内存分配。其他程序中只有一次使用静态变量是在卡尔曼滤波中，见 2.5.4 节。这两种情况被证

明是合理的，因为这些数组在所有展示的飞行器程序实例中均保持常值。

$$static\ double\ star\_data[75]；$$

$$static\ string\ star\_names[25]；$$

CodeEx 4.2　静态内存分配

一旦新的更新被请求（mstar＝3），调用 star－triad（）子函数，该函数将单位矢量写入局部变量 star＿usii［25］［3］数组中。通过剔除不可视恒星，将新表存入 double 指针 * usii－vis，该指针指向动态分配内存的第一个元素。然后最后 3 个恒星组合由子函数 star＿triad（）返回并写入 * usii－triad。一个典型的 3 星组合如图 4－6 所示，此时观测者位于卡纳维拉尔角。

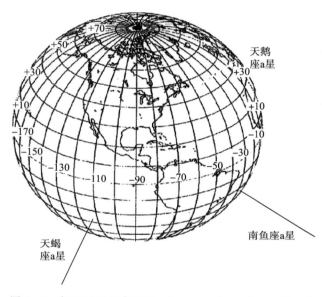

图 4－6　恒星 3 星组合选择：Antares、Fomalhaut、Deneb

回到 startrack（）函数，三个恒星组合单位矢量使用指针算法写入，转换为方位角和仰角，然后加入测量误差。实现方式如 CodeEx 4.3 所示。

```
//converting to true azimuth and elevation
Matrix POLAR(3,l);
POLAR＝USIB.pol－from－cart（）；
double az＝POLAR[l]；
double el＝POLAR[2]；
//measurements with measurement uncertainties
double az－meas＝az＋AZ_BIAS[i]＋AZ_NOISE[i]；
double el－meas＝el＋EL_BIAS[i]＋EL_NOISE[i]；
```

CodeEx 4.3　生成恒星测量值（i＝l，2，3）

最后，光线测量变回笛卡儿坐标分量（如 CodeEx 4.4 所示）。实现过程使用方程（4－2）～方程（4－4）、测量误差和 INS 偏差。

```
//converting measurement back to inertial unit vectors
// with INS information (using TBIC)
//(here the tilt error of the INS enters the measurement)
Matrix USIBM(3,l);
USIBM. cart～from～pol(l,az～meas,el～meas);
Matrix USIIM(3,l);
USIIM=－TBIC * USIBM;
```
CodeEx 4.4　将恒星测量值转换到惯性系

在一些星务管理后，偏差更新算法［方程（4-6）］由 CodeEx 4.5 实现，偏差修正变量 URIC 发送至 INS。

```
//calculating the tilt corrections for the INS
Matrix RDIFF(3,3);
RDIFF=TRIAD－MEAS * TRIAD－TRUE . inverse();
URIC[0]=RDIFF. get－loc(2J); //phi－tilt
URIC[1]=RDIFF. get－loc(0,2); //theta－tilt
URIC[2]=RDIFF. get_loc(1,0); //psi－tilt
```
CodeEx 4.5　偏差更新

现在运行测试程序 input _ insertion. asc 并观察偏差修正。图 4-7 描述了三个偏差角随时间的变化。大概 55 s 时，火箭上升至 30 km，恒星捕获启动，20 s 之后结果锁定至三星组合：大角星（Arcturus）、天津四（Deneb）和尾宿八（Shaula）。现在更新每 10 s 发送至 INS 一次，最终得到更好的姿态性能。

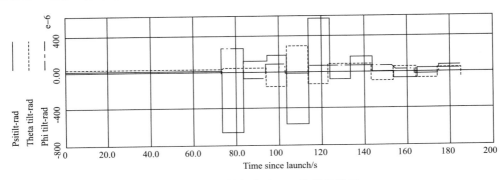

图 4-7　由星敏发送至 INS 的偏差修正

星敏更新对 INS 偏差影响结果如图 4-8 所示。初始转移对准误差为 0.6 mrad，在 5 次更新后减小至 0.1 mrad。当然这仅是 Monte Carlo 仿真中的 1 次运行。为得到统计意义的精度，需要在进行多次重复仿真之后分析结果。与 GPS 更新的联合在下一章介绍。

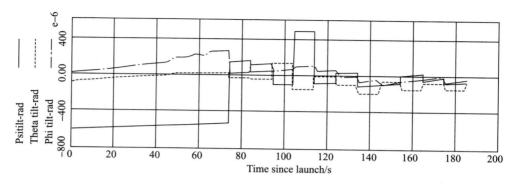

图 4-8　INS 更新后的偏差精度

第 5 章　GPS/星敏感器/INS 组合导航

采用扩展卡尔曼滤波器对 GPS 测量值进行滤波，可以实现对 INS 解算的周期性更新。由于 GPS 校正长周期漂移、INS 平滑短周期扰动的组合，使得 GPS/INS 组合导航得到成功应用。然而，GPS 测量对于校正 INS 姿态角误差，不是很适合。出于这个原因，本书使用星敏感器给组合导航解算提供一个惯性基准。

为了评估数据的融合，本书针对 ROCKET6G 模拟进行多次仿真。首先，来看看传递对准，运行时没有任何更新，然后增加 GPS 更新，最后增加包括星敏感器的更新。只是为了显示一些趋势，目前只运行单次蒙特卡洛仿真，因为多次仿真会覆盖掉前面的图形。然而，对于一个全随机分析，本书使用 CADAC/MCAP 分析工具减少蒙特卡洛绘图形式，以显示误差变量的平均值和标准差。

5.1　更新状态的引入

开始之前，再来简单介绍一下函数 ins（）代码。CodeEx 5.1 展示了在 GPS 进行历元更新 mgps＝3 时，引入来自卡尔曼滤波的 GPS 更新。首先，位置和速度的修正 SXH、VXH 更新惯性位置和速度 SBIIC、VBIIC；然后，对 INS 误差状态 ESBI、EVBI 进行重置，以为下一个周期作准备。最后，将 mgps 重置为 2，进行滤波器外推的初始化，直到获得下一个测量值。

```
//GPS update
if(mgps==3){
        //updating INS navigation output
        SBIIC=SBIIC-SXH；
        VBIIC=VBIIC-VXH；
        //resetting INS error states
        ESBI=ESBI-SXH；
        EVBI=EVBI-VXH；
        //returning flag to GPS that update was completed
        mgps=2；
    }
```

CodeEx 5.1　GPS 位置和速度更新状态的引入

CodeEx 5.2 给出了如何利用星敏感器更新 INS 姿态角误差。此次更新通过 startrack（）函数中的 mstar＝3 初始化。INS 姿态角 RICI 由星敏感器校正量 URIC 修正，然后将 mstar 复位为 2 以等待下一次更新。

```
//updating tilt with star tracker
if(mstar==3){
        RICI=RICI-URIC;
        //returning flag to star tracker that update was completed
        mstar=2;
}
```

CodeEx 5.2　星敏姿态角更新状态的引入

现在开始研究传递对准。

5.2　INS 传递对准

3.1.2 节中讨论过传递对准。在发射前，可能需要几分钟进行对准，并获得一个 9×9 的协方差矩阵 $\boldsymbol{P}_0$。使用 Cholesky 算法计算 $\boldsymbol{P}_0$ 的平方根，INS 状态矢量的初始值可以从单位高斯种子获得 [方程（3-1）]

$$[\varepsilon x] = [\sqrt{P_0}][\text{gauss}]$$

此时初始状态矢量包括位置、速度和姿态误差

$$[\varepsilon x] = \begin{bmatrix} [\varepsilon s_{BI}]^{\hat{I}} \\ [\varepsilon v_{BI}]^{\hat{I}} \\ [\varepsilon r^{I\hat{I}}]^{\hat{I}} \end{bmatrix} = \begin{bmatrix} \text{ESBI} \\ \text{EVBI} \\ \text{RICI} \end{bmatrix}$$

算例仿真产生三个传递对准误差的典型值，见表 5-1。

表 5-1　传递对准误差的三个例子

ESBI/m	EVBI/(m/s)	RICI/rad
7.819 45	0.061 176 6	1.547 32e−005
−12.236 2	−0.003 128 4	−9.465 88e−005
8.408 03	0.015 384 9	−0.000 619 077
1.156 43	−0.016 328 2	−1.533 11e−005
−2.66 64	0.029 490 9	−0.000 164 26
1.440 26	−0.013 450 3	0.000 118 654
4.506 19	0.075 660 4	−7.315 37e−005
−0.905 419	−0.025 439 3	−0.000 102 19
−13.562 7	−0.084 258 9	−0.000 274 048

没有更新时，三种误差稳步增长。

5.3　未更新的 INS 性能

选取测试案例 input _ insertion. asc，并进行单次蒙特卡洛仿真。当然，这仅仅是一个随机仿真，并且提供典型的上升轨迹。图 5-1 显示的是位置、速度以及姿态角误差。这

些曲线分别是位置分量的绝对值：ESBI1、ESBI2、ESBI3；速度分量：EVBI1、EVBI2、EVBI3；姿态角分量：RICI1、RICI2、RICI3。

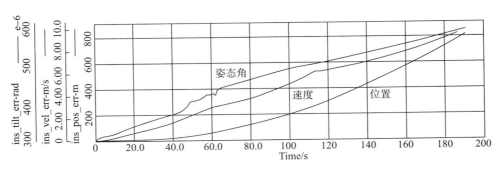

图 5-1　典型的未更新的 INS 误差（input _ insertion. asc）

CodeEx 5.3 给出了无辅助 INS 的入轨情况。

$$* * * \text{ Boost engine cut−off time} = 182.362 \text{ sec} * * *$$

Orbital position	dbi = 6.46951e+006 m
Position error	ddb = 491.248 m
Inertial speed	dvbi = 6591.81 m/s
Speed error	dvdb = 8.18722 m/s
Flight path angle	thtvdx = 0.922311 deg
Angle error	thtvddbx = 0.0776894 deg

CodeEx 5.3　入轨情况（图 5-1 轨迹）

入轨情况用以下参数表示：位置 dbi，惯性速度 dvbi，航迹角 thtvdx。与期望入轨情况进行对比：dbi _ desired＝6470e3 m，dvbi _ desired＝6 600 m/s，thtvdx _ desired＝1°，可知误差相当大：位置误差为 491.248 1 m，速度误差为 8.187 22 m/s，航迹角误差为 0.077 689 4°。稍后将展示在 INS 辅助的情况下会有更好性能。

为了获得随机的更多有意义的结果，进行了 30 次蒙特卡洛仿真，在 input _ insertion. asc 中使用关键字 MONTE 30 1234789。第一个数值指示的是打靶次数，第二个数值是伪随机数发生器的种子。图 5-2 显示了 INS 位置误差的原始数据。

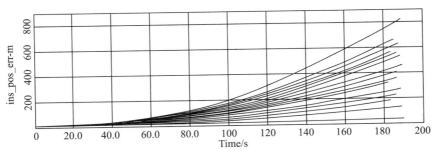

图 5-2　30 次蒙特卡洛打靶的无辅助的 INS 位置误差

　　我们看到误差分布从几 m 到 800 m 不等，这取决于随机绘制的初始值和噪声源。这个曲线不是很有指导意义。我们更希望看到这些误差的平均值和标准差，因为它们是随时间而变化的。KPLOT/ MAP（蒙特卡洛平均程序）提供了这样的数据压缩能力。可遵循下面的流程。

　　仿真将每个曲线写到 plot1. asc（图 5 - 2）30 次，加载到 MCAP，该功能可从 KPLOT 菜单栏启动。设置"Last Time"为 180 s，"Time Interval"为 2 s。现在给"变量"ins _ pos _ err、ins _ vel _ err、ins _ titl _ err 填充"1Dim Data"，点击"Run"，然后选择默认文件名 MCAP。这 30 条曲线分成 90 个时间段。在每个时间段评估平均值和标准差，信息保存在 MCAP. asc。把 MCAP. asc 写进 KPLOT。平均值和标准差缩写成"M"和"S"，与变量名称对应。

　　如果想在图形中附加均值以及方差的最大值和最小值，选择两个变量"SU"和"SL"。

　　在图 5 - 3 中，上面的图显示 ins _ pos _ err，ins _ vel _ err，ins _ titl _ err 的均值，下面的图显示它们的标准差。

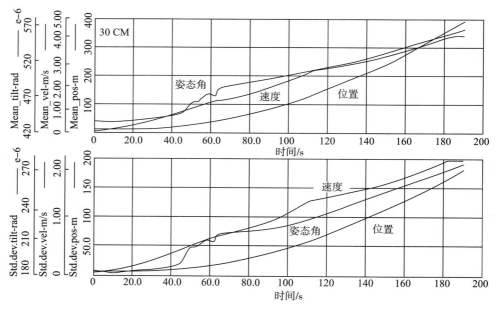

图 5 - 3　无辅助 INS 误差的均值和方差（input _ insertion. asc）

　　在入轨时间 183 s 处，平均位置误差为 400 m，平均速度误差为 4.5 m/s，平均姿态角误差为 0.57′（mrad）。与标准差 180 m，2 m/s 和 0.28′比较，这些误差相当大。

　　为了研究在较长时期内无辅助 INS 的趋势，运行输入文件 input _ ballistic. asc。在 input _ insertion. asc 中加入这条远地点 110 km、终端马赫数为 2、终端高度为 20 km 的轨迹数据。火箭在 RCS 控制下，以 10°攻角，进行总飞行时间 900 s 的滑行。类似于图 5 - 3，也进行 30 次蒙特卡洛仿真，并用 MCAP 分析，结果如图 5 - 4 所示。

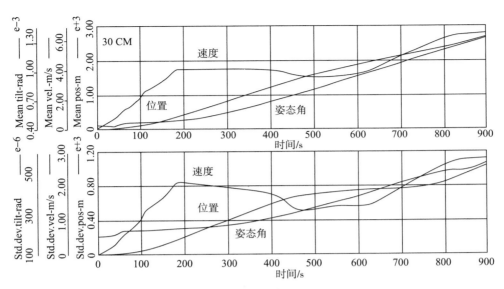

图 5 - 4　无辅助 INS 误差的均值和方差（input _ ballistic. asc）

现在，在该轨迹的末端，平均位置误差为 2 800 m，标准差为 1 100 m。

这些结果表明，低成本捷联式惯性不适合用于火箭的导航。因此，我们增加 GPS 来提高 INS 的位置和速度输出精度。

5.4　GPS 辅助的 INS 性能

第 3 章的三个主要内容分别是 24 颗 GPS 卫星星座、最优四星的选择和用于 GPS 测量以及更新 INS 导航解算的扩展卡尔曼滤波器。在第 4 章讨论 INS 的实现后，这里将探讨 GPS 对提高 INS 精度的好处。

运行测试算例 input _ insertion. asc。在飞行 10 s 时，GPS 接收器第一次锁定四颗星，编号分别为 10、13、19、20（如 CodeEx 5.4 所示）。

　　　　　* * * GPS Quadriga slot ♯ 10 13 19 20 GDOP 3.21054 m * * *

　　　　　* * * Boost engine cut−off time = 183. 192 sec * * *

　　　　Orbital position dbi = 6. 47e+006 m

　　　　Position error ddb = 4. 00687 m

　　　　Inertial speed dvbi = 6599. 72 m/s

　　　　Speed error dvdb = 0. 278685 m/s

　　　　Flight path angle thtvdx = 1. 00268 deg

　　　　Angle error thtvddbx = −0. 00267558 deg

　　　　　　CodeEx 5.4　GPS 辅助 INS 的入轨情况

将卫星编号与 GPS 卫星星座相关联，在 gps 模块的子函数 gps _ sv _ init（）中，找到在各自轨道面上的卫星 C2，D1，E3，E4。在 GDOP＝3.21 时，星座的形状过小，达不到最佳实现值 2.4。

值得注意的是，相比 CodeEx 5.3 中的无辅助条件下的性能，当前入轨性能大幅提升。最为突出的是在期望位置 6470e3 m 处（距离地球的中心）的位置精度达到 4 m。总体而言，入轨精度提高了大约两个数量级。

图 5-5 显示了 30 次蒙特卡洛仿真的改进。入轨位置的平均误差为 7 m，标准差为 2 m，精度远超过无辅助的 400 m 平均误差。同样，平均速度误差减小到 0.25 m/s，无 GPS 辅助的为 4.5 m/s。然而，正如预期的那样，姿态角误差没有改善，仍维持在 0.5 ± 0.25 mrad。

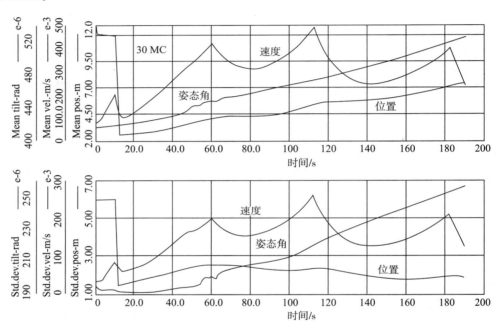

图 5-5　GPS 辅助 INS 误差的均值和方差（input_insertion.asc）

在证明基于 GPS 更新可以实现导航方案的巨大提升之后，需进一步研究卡尔曼滤波器的性能。

5.4.1　卡尔曼滤波性能

2.5.3 节已经阐述了扩展卡尔曼滤波，着重关注图 2-19。由 INS 导航解算预测得到的距离和距离变化率测量值与 GPS 接收器的实际测量是有差别的（见 2.4 节）。该差值被称为测量残差 z，它包括四个伪距和四个伪距变化量的测量值。图 2-21 显示了 8×1 的 z 矩阵是如何计算的，而它的代码实现 ZZ 如 CodeEx 2.16 所示。

运行输入文件 input_insertion 的一个随机例子。绘制最好星座的第一颗卫星 C2 的测量残差，如图 5-6 所示。

作为参考，该图还给出了轨迹的零位。在 10 s 时，星座被捕获，传递对准后还存在的初始 INS 位置误差 12 m，降低到几乎为零。后来，位置测量残差降低到 1 m 左右。

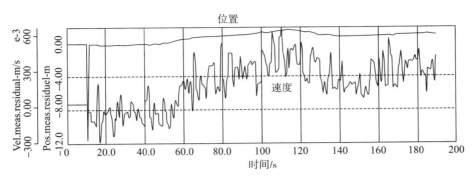

图 5 - 6　C2 卫星的测量残留误差

　　速度测量残差波动 −0.3～+0.6 m/s，这主要是由于用户时钟频率误差引起的。为了验证，将用户时钟频率误差降低一个数量级，从 MARKOV ucfreq _ noise 0.1 100 到 MARKOV ucfreq _ noise 0.01 100，图 5 - 7 给出了结果。

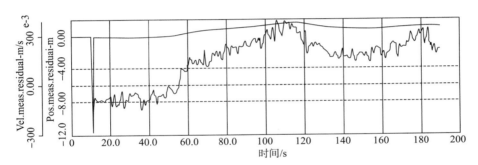

图 5 - 7　基于降低的用户时钟频率噪声的 C2 卫星测量残留误差

　　此时速度误差在 −0.1～+0.3 m/s 之间波动。

　　给定测量残差 z ，状态更新 x 由卡尔曼增益 K 获得

$$x = Kz$$

该增益在每次测量时实时计算 [式（2 - 23）]。

$$K = P\overline{H}(HP\overline{H} + R)^{-1}$$

它是由状态协方差矩阵 P ，观测矩阵 H ，以及测量协方差矩阵 R 决定。P 矩阵已经从之前的测量值由式（2 - 22）迭代计算到当前的数值。

$$P \leftarrow \Phi\left(P + \frac{\Delta t}{2}Q\right)\overline{\Phi} + \frac{\Delta t}{2}Q$$

其中，状态转移矩阵 Φ 是一个常值矩阵，Δt 为积分步长，Q 是过程协方差矩阵。最后，P 由新的增益 K 进行迭代更新 [式（2 - 25）]。

$$P \leftarrow (E - KH)P$$

后续将使用矩阵 P ，Q 和 R 调节滤波器。

　　8×8 状态协方差矩阵 P 是滤波器性能好坏的指标。它不是整体系统性能的指标，因

为这仅由 INS 误差状态给出。然而，在滤波器中，P 矩阵的对角元素是残留状态 X 的方差，非对角线元素是协方差。

为了验证上升过程中滤波器的性能，运行 input＿insertion.asc，绘制飞行的前 30 s P 阵第 1 个、第 4 个、第 7 个对角元素的标准差，如图 5－8 所示。

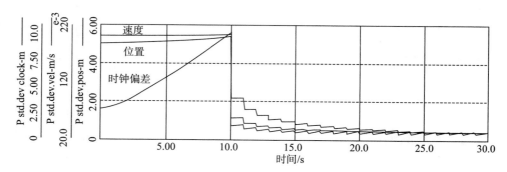

图 5－8　P 阵第 1、4、7 对角元素的方差（input＿insertion.asc）

8×1 状态矢量 X 的标准差是 P 对角线元素的平方根。有三个位置和速度状态量，以及两个时钟状态，图 5－8 显示了各组的第一个元素。所有三个标准差不断增大，直到第一个 GPS 测量值引进来后，出现显著的减小，并在飞行 25 s 后达到稳态。这些稳态值是：位置 0.4 m，速度 0.03 m/s，时钟偏差 0.7 m。由图可得出以下结论，滤波器在 15 s 后达到其稳态值，其时间常数约为 10 s。

如 2.5.2 节所述，状态矢量由位置、速度和时钟残差组成。

$$
x = \begin{bmatrix} \hat{s}_1 \\ \hat{s}_2 \\ \hat{s}_3 \\ \hat{v}_1 \\ \hat{v}_2 \\ \hat{v}_3 \\ \hat{b} \\ \hat{f} \end{bmatrix}
\begin{array}{l}
\\[2pt] \Delta\text{position} \\[20pt]
\\[2pt] \Delta\text{velocity} \\[20pt]
\\[2pt] \text{clock}\quad\text{bias} \\[6pt]
\text{clock}\quad\text{frequency}
\end{array}
$$

图 5－9 展示了状态位置和速度残差的一个随机量，分别包括三个分量。

三个位置分量在 −0.4～+0.2 m 之间波动，在初始尖峰之后，这和 P 阵位置元素 0.4 m 的方差相对应（见图 5－8）。三个速度分量也是如此。（P 阵速度元素是 0.03 m/s。）

好消息是，滤波器内部状态协方差矩阵 P 给出了滤波器实际性能的准确评估。虽然这对于线性卡尔曼滤波器是正确的，但它不能保证在非线性、扩展形式中适用。

事实上，通过分析图 5－10，可以看到状态时钟偏置的差异。图 5－8 中时钟偏置标准差的稳态值是 0.7 m，而在图 5－10 中其值更小。但是，不要忘记，这些结论只是基于一个随机的轨迹。

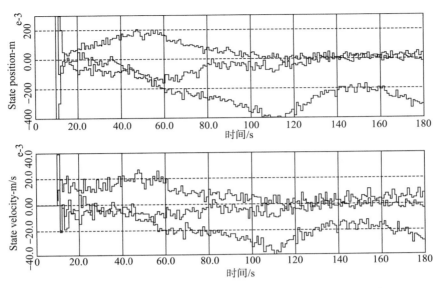

图 5 - 9　滤波状态——位置和速度分量（input _ insertion. asc）

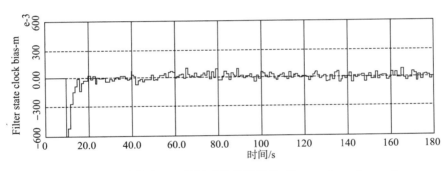

图 5 - 10　滤波状态——偏置时钟残留误差（input _ insertion. asc）

目前看来，滤波器性能似乎相当的好。然而，最终计算的是 INS 的导航误差。图 5 -
5 提供了这些信息。入轨时 INS 的位置误差平均值是 7 m，速度误差平均值是 0.25 m/s。
滤波器可以将 INS 的实际性能提高一个数量级。下面将讨论是否能改善滤波器。

5. 4. 2　滤波调参

滤波器调参能够实现性能最优。调整卡尔曼滤波器与其说是一门科学，不如说是一门
艺术。特别地，非线性扩展卡尔曼滤波器调参多半是反复实验过程。

在经典控制中，用诸如根轨迹、波特图和奈奎斯特图等方法，在拉普拉斯平面上优化
滤波器增益。在现代控制中，尤其是时域滤波器，缺乏类似的工具，并被迫使用启发式
方法。

调参过程中可以充分利用的三个参数分别是初始状态协方差矩阵 P_0，过程误差协方
差矩阵 Q 和测量噪声协方差矩阵 R，如图 2 - 19 所示。仿真涉及两个协方差矩阵：用于初

始化 INS 误差状态的 9×9 传递对准协方差矩阵，以及初值为 $\boldsymbol{P}_0$ 的卡尔曼滤波器的 8×8 状态协方差矩阵 $\boldsymbol{P}$ 。

三个矩阵的元素在 2.5.4 节中已给出。它们很重要，因此在图 5-11 中再重复一次。

$$
\boldsymbol{P}_0 = \begin{bmatrix} \sigma^2_{\text{ppos,3diag}} & \boldsymbol{0}_{3\times3} & \boldsymbol{0}_{3\times2} \\ \boldsymbol{0}_{3\times3} & \sigma^2_{\text{pvel,3diag}} & \boldsymbol{0}_{3\times2} \\ \boldsymbol{0}_{2\times3} & \boldsymbol{0}_{2\times3} & \begin{matrix} \sigma^2_{pb} & 0 \\ 0 & \sigma^2_{pf} \end{matrix} \end{bmatrix}
$$

$$
\boldsymbol{Q} = \begin{bmatrix} \sigma^2_{\text{qpos,3diag}} & \boldsymbol{0}_{3\times3} & \boldsymbol{0}_{3\times2} \\ \boldsymbol{0}_{3\times3} & \sigma^2_{\text{qvel,3diag}} & \boldsymbol{0}_{3\times2} \\ \boldsymbol{0}_{2\times3} & \boldsymbol{0}_{2\times3} & \begin{matrix} \sigma^2_{qb} & 0 \\ 0 & \sigma^2_{qf} \end{matrix} \end{bmatrix}
$$

$$
\boldsymbol{R} = \begin{bmatrix} \sigma^2_{\text{rpos,4diag}} & \boldsymbol{0}_{4\times4} \\ \boldsymbol{0}_{4\times4} & \sigma^2_{\text{rvel,4diag}} \end{bmatrix}
$$

图 5-11 卡尔曼滤波

所有三个矩阵是对角的，它们的对角线元素在 input. asc 中赋值，如 CodeEx 5.5 所示。

```
ppos 5          //Init lsig pos values of state cov matrix
pvel 0.2        //Init lsig vel values of state cov matrix
pclockb 3       //Init lsig clock bias error of state cov matrix
pclockf 1       //Init lsig clock freq error of state cov matrix
qpos 0.1        //lsig pos values of process cov matrix
qvel 0.01       //lsig vel values of process cov matrix
qclockb 0.5     //lsig clock bias error of process cov matrix
qclockf 0.1     //lsig clock freq error of process cov matrix
rpos 1          //lsig pos value of meas cov matrix
rvel 0.1        //lsig vel value of meas cov matrix
factp 0         //Factor to modifiy initial P-matrix P(1+factp)
factq 0         //Factor to modifiy the Q-matrix Q(1+factq)
factr 0         //Factor to modifiy the R-matrix R(1+factr)
```

CodeEx 5.5 input _ insertion. asc 文件中 $\boldsymbol{P}_0$ 、$\boldsymbol{Q}$ 、$\boldsymbol{R}$ 初值设置

在测试情况下，在整个轨迹上三个矩阵的值被设置为常数。通过改变数值来研究 $\boldsymbol{Q}$ 和 $\boldsymbol{R}$ 矩阵的影响。但是，$\boldsymbol{P}_0$ 作为一个初始化矩阵，只能分配一次值。为了进行粗略的敏感度研究，CodeEx 5.5 还给出了三个因素变量，分别对应三个矩阵中的所有元素。

以 $\boldsymbol{P}_0$ 开始，通过矩阵因子 factp 赋值为 1 和 -0.5，来实现矩阵 $\boldsymbol{P}$ 相对标称值的变化。如图 5-12 所示，$\boldsymbol{P}$ 阵位置方差与初值不同，直至 GPS 更新开始。此后，经过短暂的时间，它们都达到了相同的 0.4 m 的稳态值。图 5-8 也有类似情况。

我们通过改变一个参数，单次运行，并绘制出结果，以开展典型的敏感性研究。CADAC++支持这种非常重要的分析流程。在 input. asc 复制输入参数两次，除了 factp

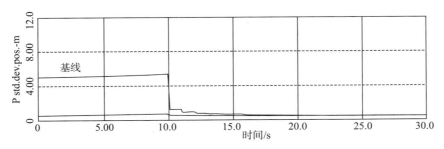

图 5 - 12　正常值 P_0 减半和加倍后的 P 的方差

基准值 0，将 factp 1 和 factp －0.5 输入到其他两个模块。然后设置关键字 VEHICLES 为 3，并在选项 "OPTION" 设置 y_merge。现在进行单次仿真。将这三个轨迹数据写入到文件 plot. asc，并且可以使用 KPLOT 绘制，如图 5 - 12 所示。

　　该滤波器最重要的是增益矩阵 K 。其元素的值越高，当前测量残差 z 对状态更新 x 的影响越大。

$$x = Kz$$
$$K = P\overline{H}(HP\overline{H} + R)^{-1}$$

　　K 是状态协方差矩阵 P、观测矩阵 H、测量协方差矩阵 R 的函数。上文刚讨论 P 阵对滤波器的影响，且 H 不可控，因此下文将研究 R 对滤波性能灵敏度的影响。

　　如果 R 的不确定性增加，K 的不确定性则减小，这意味着新的测量值的可靠性下降，因此状态残差 X 校正量被影响的程度降低。下面将使用前文的灵敏度研究中的 input. asc，恢复所有的 factp 为 0。

　　图 5 - 13 显示了用三个变量因子修改 R 、运行 input_insertion. asc 的结果，factr 取值分别为：0，9，－0.1（R 增加 9 倍和 R 减少 10%）。INS 纵轴 pos. err. －m 是 INS 三分量 ESBI1，ESBI2，ESBI3 的绝对值。状态 pos. res. － m 是三个状态残差 SXH1，SXH2，SXH3 的绝对值，用于更新 INS。

　　当我们在测量中引入更多的噪声，R 增加而 K 下降，则状态残差的修正对修正 INS 误差的效果更差。图 5 - 13 的第一幅图说明了这一趋势。第二幅图显示当 R 增加时，状态残差 X 是如何增加的，以修正噪声的测量值。但这些修正是低效的，导致 INS 位置误差稳定在约为 30 m。而在基准条件下，该数值是 10 m。当 R 值小一个数量级时，该值约为 8 m。

　　下面讨论过程协方差矩阵 Q ，其影响更新测量信息时的协方差矩阵 P 的迭代计算如下

$$P \leftarrow \Phi\left(P + \frac{\Delta t}{2}Q\right)\overline{\Phi} + \frac{\Delta t}{2}Q$$

　　Q 的增大会增加 P 的增长速度以及 K 的增长速度，因此测量值的权重更大。换句话说，因为在过程转移中分配了更大的不确定性，在校正状态残差 X 时下一个测量值的影响权重更大。图 5 - 14 展示了通过 input_insertion. asc 进行仿真的灵敏度分析仿真结果，修改 Q 的三个因子 factq：0、9（Q 增加 9 倍）、－0.1（Q 减小 10%）。

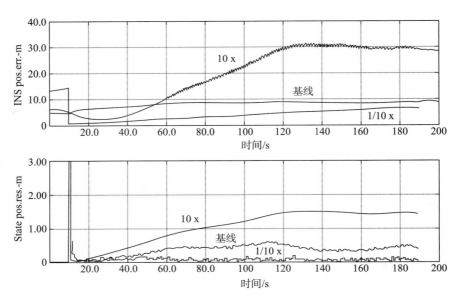

图 5 - 13　　**R** 测量协方差均值的灵敏度

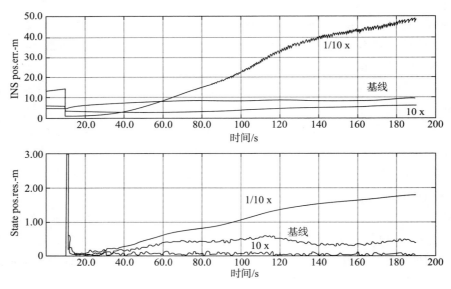

图 5 - 14　　**Q** 阵推移协方差矩阵的灵敏度

　　正如在图 5 - 13 中，INS 纵轴 pos. err. —m 是 INS 三个分量 ESBI1，ESBI2，ESBI3 绝对值，pos. res. —m 是三个状态残差 SXH1，SXH2，SXH3 绝对值，用于更新 INS。在这里，我们可以看到趋势：增加 **Q**，更多地注重测量，会带来更好的滤波性能。

　　通过比较图 5 - 13 和图 5 - 14，我们可以看到相反但类似的趋势。更好的测量意味着比过程噪声 **Q** 更小的 **R** 和更好的性能。较差的过程动态意味着相比于 **R** 更大的 **Q**，为获得更好的性能将更依赖于测量数据。

到目前为止，已经完成了所谓的敏感性研究。例如，已经使用变量因子修改整个矩阵。这对评估已设计滤波器是非常有用的。然而，调整新的滤波器时，需要更细致的工作。

调谐矩阵具有不同的对角元素，如图 5 - 11 所示。$\boldsymbol{P}_0$ 由位置、速度和两个时钟状态量的方差组成。$\boldsymbol{Q}$ 是过程协方差矩阵，和 $\boldsymbol{P}_0$ 具有相同的格式。$\boldsymbol{R}$ 反映 GPS 的伪距和伪距变化率测量的精确度，因此由伪距和伪距变化率方差组成。

本书将展示典型滤波器调谐的一些灵敏度分析结果。下面研究改变 $\boldsymbol{R}$ 矩阵的影响。创建整个系统的仿真，我们知道 GPS 的误差是什么，因为是我们编制的程序。CodeEx 2.8 和 CodeEx 2.9 提供了数值。然而在实际中，不能准确获得它们，因此，要探索改变 $\boldsymbol{R}$ 的灵敏度。

图 5 - 15 显示的是改变速度测量不确定度的结果。同样，运行基准 input _ insertion. asc，其 1sigma 速度测量误差为方差 0.1 m/s；增加两个模块，方差 0.01 m/s 和方差 1 m/s。

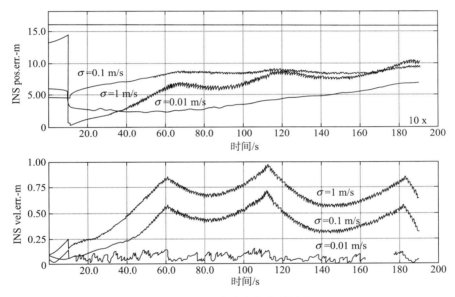

图 5 - 15　$\boldsymbol{R}$ 阵速度方差灵敏度

基准值方差 0.1 m/s 比产生马尔可夫过程 MARKOV dr1 _ noise 0.03 100 的 0.03 m/s 误差值大（如 CodeEx 2.9 所示），因此图中 $\sigma = 0.01$ m/s 表示的方差 rvel 为 0.01 m/s，对应的 INS 位置误差更小，并降低了 INS 速度误差，这就不令人惊讶了。

现在研究时钟偏差的灵敏度。我们只能通过 $\boldsymbol{Q}$ 矩阵影响它，因为它不是测量协方差矩阵 $\boldsymbol{R}$ 的成分。基于基准 qclockb＝0.5 m，并增加 qclockb＝0.1 m 和 qclockb＝1 m，分别运行 input _ sertion. asc 进行灵敏度分析。图 5 - 16 的下图显示了用于 $\boldsymbol{Q}$ 标准差计算的钟差误差的随机变化曲线。虽然仅进行单次仿真，每个轨迹随机数绘制不同。为了一致，它们应该是相同的。

我们已碰上随机过程单次运行灵敏度研究的限制。除非针对每个算例进行多次蒙特卡洛仿真，并用 MCAP 进行平均，否则单次仿真得出的结论可能会误导。

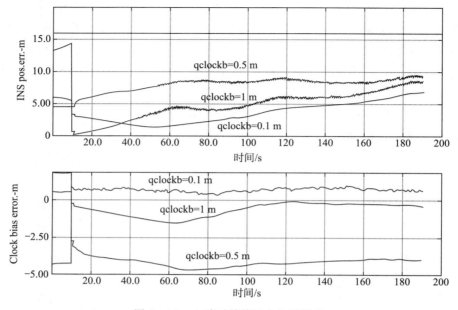

图 5 - 16　　**Q** 阵时钟偏置方差灵敏度

根据图 5 - 16 的第一幅图，我们可以得出这样的结论，当 **Q** 的钟差标准差 qclockb ＝ 0.1 m 时，可以获得更好的 INS 性能。换句话说，归因于对钟差的更大信心，可以得到更好的滤波性能。

然而，30 次蒙特卡洛打靶仿真证明了这些结论。为了得到关于滤波器的准确信息，灵敏度变量的每一个值必须进行蒙特卡洛仿真，用 MCAP 获得均值，将 MCAP 文件合并成一个文件，然后绘制结果。

上述内容就是目前已经完成的灵敏度研究。通过改变 **Q** 矩阵的加权因子大小，来研究是否可以影响 INS 精度。将 qclockb 设为 0.5 m、0.1 m 和 1 m，并分别进行 30 次蒙特卡洛仿真，用 MCAP 获得平均 INS 位置误差，合并这些文件，结果如图 5 - 17 所示。改变时钟偏差的 **Q** 阵元素对 INS 精度没有影响。

因此，研究时钟质量的好坏对 INS 性能的影响是更有意义的。通过在 input. asc 中设置偏置误差 GAUSS ucbias _ error 0 3 和频率误差 MARKOV ucfreq _ noise 0.1 100，定义时钟输入。这些设置表明所挑选的是一个很好的用户时钟。假设为了降低成本必须使用廉价的时钟，这时可设定 GAUSS ucbias _ error 0 50 和频率误差 MARKOV ucfreq _ noise 500 1000。和前面的一样，使用标准的 input _ insertion. asc 文件，进行 30 次蒙特卡洛打靶仿真，并绘制从 MCAP 获得的平均值，如图 5 - 18 所示。

低成本的时钟平均会加倍 INS 位置误差，这是由更高的时钟偏差引起。第二幅图很明显展示的是马尔可夫过程的不同带宽。高成本时钟的频率带宽为 100 Hz，低成本时钟是 50 Hz。

KPLOT 的另一个重要特征是它的放大能力。为了更清楚地查看第二幅图，放大 40～60 s 之间的图形，如图 5 - 19 所示。

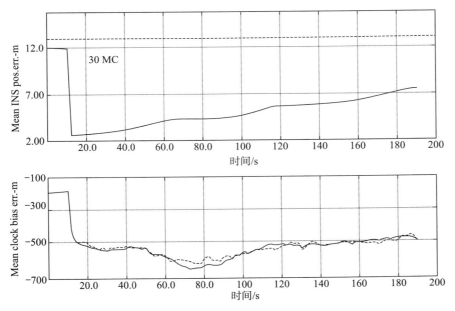

图 5 - 17　30 次蒙特卡洛打靶 Q 阵时钟偏置标准差灵敏度

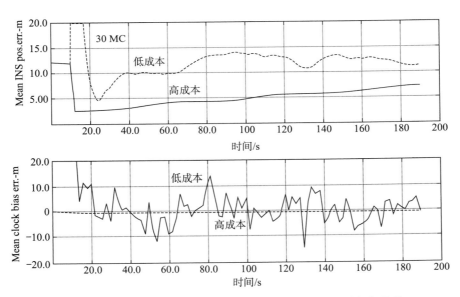

图 5 - 18　高成本和低成本用户时钟对比；30 次蒙特卡洛打靶均值

　　如图 5 - 19 所示，高成本时钟的平均时钟偏差为 0.5 m。

　　使用廉价的用户时钟的弊端是 INS 精度将减半。但令人印象深刻的是，第四颗 GPS 卫星测量值是如何能够减少用户时钟误差。毕竟，本书增加了马尔可夫过程的标准差，从高成本时钟的 0.1 m 到低成本时钟的 100 m，这是一个三个数量级的增加。所有未来的研究会保留基准，即采用高性价比的用户时钟。

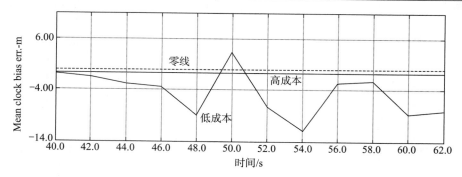

图 5-19　图 5-18 的局部放大

　　现在应该很好地理解，GPS 测量是如何通过卡尔曼滤波器来更新 INS 位置和速度。本节研究了如何建立 GPS 伪距和伪距变化率测量值的模型，以及模拟这些测量的用户时钟衰减。因为滤波器是非线性的，它的观测矩阵是非线性的，故将其称为扩展卡尔曼滤波器。这样的滤波器的稳定性是不能保证的，其性能必须详细探讨。文中讨论了一些典型滤波器调参实例；但是，它们决不是作者必须做的设计滤波器时的所有灵敏度研究。

　　到目前为止只修正了 INS 的位置和速度输出，而姿态角误差会不受限制地增长。全球定位系统（GPS）不是很适合于修正 INS 姿态角。但是，随着火箭上升到大气层上方，此时可以使用一个星敏感器锁定三颗恒星，提供所需的姿态角更新信息。

5.5　融合 GPS 与星敏感器后 INS 性能

　　现在我们在导航中加入星敏感器来提高 INS 的性能。在第 4 章中，我们展示了如何在星表中挑选最好的三个恒星，以及如何在真实单位矢量中增加测量误差来获得实际的 INS 偏斜偏差。

　　现在看一下发射轨迹，飞行时间只有 183 s。预期的 INS 位置误差受星敏是否存在的影响很小。在图 5-20 中画有参考基线 input _ insertion. asc 在 30 次蒙特卡洛仿真中引入和不引入星敏更新的结果。

　　当使用星敏时，INS 位置误差在入轨点大致减少了 1 m；大概 15％的提高。虽然位置误差影响可能很小，图 5-20 展示了当星敏在 30 km 高度使用后 INS 偏斜误差急剧的变化。误差从 0.5 mrad 减小至 0.15 mrad，并保持到入轨。

　　我们期望星敏更新在弹道轨迹持续 900 s 时性能有显著的提高。所以使用 input _ ballistic. asc 进行了 30 次蒙特卡洛仿真，使用和不使用星敏的结果对比如图 5-21 所示。

　　虽然 INS 在使用或不使用星敏时，姿态偏差从 0.2 mrad 到 1.3 mrad，相比之下，INS 位置误差只在 0～15％范围内波动。发生了什么？首先，900 s 只有 15 min，比如 INS 姿态误差对位置精度的影响的时间较少。但是更主要的是 GPS 控制了 INS 的位置误差。

　　图 5-21 在上图中展示了第一次由 GPS 四星组合产生的收敛和误差，下图中描述了三星组合。第一次 GPS 四星组合与恒星三星组合作用最显著。平均位置误差从 10 m 减小至 2.5 m，平均姿态偏差从 0.4 mrad 减小至 0.1 mrad。其后，附加的 GPS 四星组合与恒星

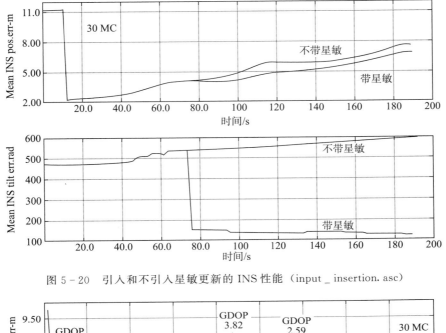

图 5-20　引入和不引入星敏更新的 INS 性能（input_insertion. asc）

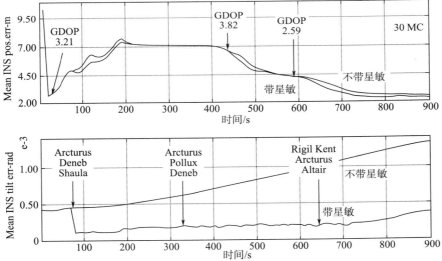

图 5-21　引入和不引入星敏更新的 INS 性能（input_ballistic. asc）

三星组合维持了误差边界。

　　这个仿真包括了本节的主要主题。详细设计了如何建立 24 颗 GPS 卫星星座，获得导航方程，产生实际测量量，通过发送至卡尔曼滤波器更新 INS 导航方案。同时也介绍了当火箭离开大气层时星敏如何修正 INS 姿态不确定性误差。

　　通过一个典型的三级火箭测试，我们探究了卡尔曼滤波和姿态更新的性能。在第 2 章中介绍了这个火箭，包括质量特性、气动和推力特性，也描述了一个可以让我们提出性能研究的仿真程序。

　　为了围绕本书前言中的思想，下面将阐述火箭的制导和控制方面，虽然有点简略。

第6章 制 导

最近华尔街的一篇杂志评论了两颗伽利略卫星未能进入正确轨道的失败事件，并指出航天器的入轨仍然是一项复杂的工作。其任务是构造上升轨迹以使得有效载荷在预定的参数状态下得到释放。这项工作在助推器对准到预定的轨道平面并到达大气上升段末端时开始。一旦助推器离开大气层，其制导系统将在线控制火箭的推力矢量来达到入轨条件。终端条件通常是轨道位置（航天器到地心的距离）、惯性速度和航迹角，而不是轨道根数。需要注意的是，期望航线同终端入轨条件并无关联且不可控。

火箭发动机可以进行操纵，推力矢量既可以调解大小又可以调解方向。但对于固体火箭，只有推力方向和助推发动机关机 BECO 可以被控制。因此，很容易理解对于固体助推器其制导任务将更加具有挑战性。

6.1 上升段制导

线性正切制导律（LTG）是液体和固体火箭助推器的基础。其是通过对下述两点边值问题进行方差积分得到的，即给定初始条件和期望的终端条件，并使拦截时间最小。正如 Bryson 和 Ho（1975）所证明的，假定地球为平面、重力为常量、推力恒定并且不存在气动力，则最优方案需要推力角的正切值在轨道平面内随时间线性改变。

图 6-1 给出了作为时间函数的推力角 β 的相互关系。t_0 时刻的初始条件包括飞行器的位置和初始推力角 β_0。

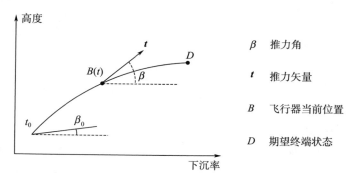

图 6-1 三自由度线性正切制导律

目前，助推器在 B 点的推力矢量为 t，推力角为 β。其目标是到达预定终点 D。基于这张几何图像，正切制导律假定

$$\tan\beta = \tan\beta_0 - c(t - t_0) \tag{6-1}$$

要在六自由度仿真中应用这个制导律，平面内的制导律须拓展到三维空间内。用推力

矢量 t 代替推力角 β ，从而在三维空间中得到 LTG

$$t = u_\lambda + \dot{\lambda}(t - t_\lambda) \tag{6-2}$$

如图 6-2 所示。

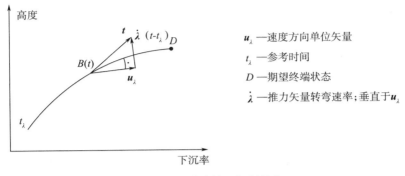

u_λ —速度方向单位矢量

t_λ —参考时间

D —期望终端状态

$\dot{\lambda}$ —推力矢量转弯速率；垂直于 u_λ

图 6-2　三维线性正切制导律

方程 (6-1) 中的常量 c 被转弯速率矢量 λ 替换从而得到方程 (6-2)。该方程是将第二级和第三级助推器送入预定终端条件的控制律。但由于面对的是固体火箭，故只对 t 的方向感兴趣。因此，将方程 (6-2) 中的单位矢量作为操纵律

$$t = \mathrm{unit}\langle u_\lambda + \dot{\lambda}(t - t_\lambda) \rangle \tag{6-3}$$

此操纵律将会迭代应用于剩余轨迹直到入轨。

6.2　LTG 控制器的应用

对于 LTG 的理想假设是无法满足的。地球绝非平坦，而是被建模为 WGS84 旋转椭球，重力以平方反比的规律递减，一些残余的气动力仍然存在。为适应这些改变，LTG 须进行迭代求解，即在每一个迭代环节，以当前的状态作为初始条件直到定常的终端状态。

一种预测校正方案已经创建。由当前状态开始，预测得到到达终端的轨迹，并记录误差，然后校正轨迹来消除误差。轨迹的形状称为开普勒轨迹，推力的方向由 LTG 操纵律给出。精确的待飞时间计算已经被用来在恰当的时间得出 BECO 指令。在描述 LTG 控制器的应用之前，必须介绍主要的坐标系。

6.2.1　坐标系

六自由度运动方程在惯性坐标系中求解，即在 J2000 坐标系中，具体可参考附录 A. 2 和 Zipfel（2014）。惯性系第一根轴 1^I 指向白羊座，惯性系第三根轴 3^I 指向与地球旋转矢量方向平行，惯性系第三根轴 2^I 构成右手正交坐标系。气动力、推力和惯性力矩张量在体坐标系中表示。体系第一根轴 1^B 过助推器的质心并指向飞行器前端。第二根轴和第三根轴与第一根轴垂直并形成右手正交坐标系。

操纵方程的建立需要三个飞行平面基矢量组 u_d，u_y，u_z，如图 6 - 3 所示。

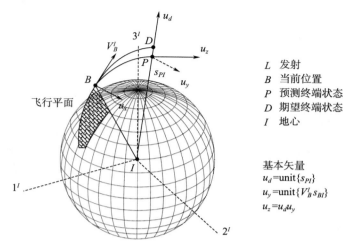

图 6 - 3 飞行平面基矢量组 u_d，u_y，u_z

助推器当前位于 B 点，其惯性速度为 V_B^I，位置矢量由地心 I 指向飞行器位置 B 点确定，即为 S_B^I。前向轨迹外推预测目标点为 P 点，该点为基矢量组 u_d，u_y，u_z 的基点。其中 P 点到 D 点的误差即为下轮计算循环中需要校正的误差（注意：$V_B^I s_{BI}$ 为 v_B^I 与 s_{BI} 的斜对称乘积）。该基矢量组用来表达预期速度增益和待飞航程矢量。

6.2.2 轨迹方程积分

我在此借鉴了 Long 和 McHenry 在 NASA 课堂讲义中的参数计算方法，主要是通过积分运动方程来进行有动力飞行器的航迹预测，由此来计算得到 LTG 控制参数值。

根据 Zipfel（2014），以张量形式表达的平动方程如下（也可见附录 A.1）

$$D^I D^I s_{BI} = \frac{f_p}{m} + g \tag{6-4}$$

式中，对助推器位置 B 相对于地心的位置矢量在惯性空间中求两次导数等于推力矢量除以质量加上重力加速度。方程（6 - 2）提供了推力矢量，在此重新命名为 f_p

$$\frac{f_p}{m} = \frac{f_p}{m} [u_\lambda + \dot{\lambda}(t - t_\lambda)] \tag{6-5}$$

表示在惯性坐标系中，则轨迹方程可表示为矩阵形式

$$\left[\frac{d^2 s_{BI}}{dt^2}\right]^I = \frac{f_p}{m}\left([u_\lambda]^I + [\dot{\lambda}]^I(t - t_\lambda)\right) + [g]^I \tag{6-6}$$

对当前时刻到终端时刻进行积分得到

$$\underbrace{\left[\frac{ds_{BI}}{dt}\right]^I_{\substack{\text{Desired}\\ \text{end}\\ \text{state}}}}_{[v_D^I]^I} - \underbrace{\left[\frac{ds_{BI}}{dt}\right]^I_{\substack{\text{Current}\\ \text{state}}}}_{[v_B^I]^I} = \underbrace{\underbrace{\int_0^{t_{go}}\frac{f_p}{m}dt}_{L}[u_\lambda]^I + \left(\underbrace{\int_0^{t_{go}}\frac{f_p}{m}t\,dt}_{J} - t_\lambda\underbrace{\int_0^{t_{go}}\frac{f_p}{m}dt}_{L}\right)[\dot{\lambda}]^I}_{[v_{\text{thrust}}]^I} + \underbrace{\int_0^{t_{go}}[g]^I dt}_{[v_{\text{grav}}]^I}$$

$$\tag{6-7}$$

并再次积分得到

$$
\underbrace{[s_{BI}]^I_{\substack{\text{Desired}\\\text{end}\\\text{state}}}}_{[s_{DI}]^I} - \underbrace{[s_{BI}]^I_{\substack{\text{Current}\\\text{state}}}}_{[s_{BI}]^I} - [v_B^I]^I t_{\text{go}}
$$

$$
= \underbrace{\int_0^{t_{\text{go}}}\int_0^t \frac{f_p}{m}\,\mathrm{d}t\,\mathrm{d}t}_{S}\,[u_\lambda]^I + \underbrace{\left(\underbrace{\int_0^{t_{\text{go}}}\int_o^t \frac{f_p}{m}t\,\mathrm{d}t\,\mathrm{d}t}_{Q} - t_\lambda \underbrace{\int_0^{t_{\text{go}}}\int_0^t \frac{f_p}{m}\,\mathrm{d}t\,\mathrm{d}t}_{S}\right)}_{[r_{\text{thrust}}]^I}\,[\dot\lambda]^I + \underbrace{\int_0^{t_{\text{go}}}\int_0^t [g]^I\,\mathrm{d}t\,\mathrm{d}t}_{[r_{\text{grav}}]^I}
$$

$$(6-8)$$

有六个方程，但有七个未知数 $[\dot\lambda]^I$，$[u_\lambda]^I$，t_λ。

上述四个推力积分项中，第一项缩写为 L 和 J，第二项缩写为 S 和 Q。其在 LTG 操纵律的求解中具有重要作用，其精确性取决于预测待飞时间的优劣。

要求解这七个未知数，首先引入一个条件，即推力矢量的转率 $[\dot\lambda]$ 在终端为零。由方程 （6-7） 可以得到

$$t_\lambda = \frac{J}{L} \tag{6-9}$$

在终端时刻，推力速度变为待增加速度 $[v_{\text{thrust}}]^I = [v_{\text{go}}]^I$，代入方程 （6-9） 得到推力矢量的转率

$$[u_\lambda]^I = \mathrm{unit}\langle [v_{\text{go}}]^I \rangle \tag{6-10}$$

要求解最后三个未知数，利用方程 （6-8） $[r_{\text{thrust}}]^I = [r_{\text{go}}]^I$ 并设定终端时间为

$$[\dot\lambda]^I = \frac{[r_{\text{go}}]^I - S[u_\lambda]^I}{Q - St_\lambda} \tag{6-11}$$

方程 （6-9） ～方程 （6-11） 解出了七个未知数，并给出了推力积分 J，L，S，Q 和较优的待增速度和待增航程的预测值。

6.2.3　程序流程图

图 6-4 给出了上述制导模型的顶端流程图。推力的单位矢量首先在惯性坐标系中进行解算，之后转换到体坐标系，并作为指令发送到 RCS 中。更多细节可见图 6-5。

在每次制导迭代过程初始化之后，计算出待飞时间和其对应的推力积分。在待飞航程可知的情况下，推力矢量的转率可以确定。预测器规划到终端的航迹，校正器校正终端误差，并计算待飞速度值。此时，单位推力矢量指令 $[u_t]^I$ 可以被分配到 RCS 驱动器。

单位推力矢量指令在函数 guidance _ ltg （…） 中应用，主要代码片段在 CodeEx 6.1 中。

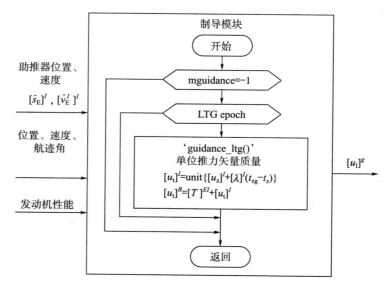

图 6-4　制导模型的流程图

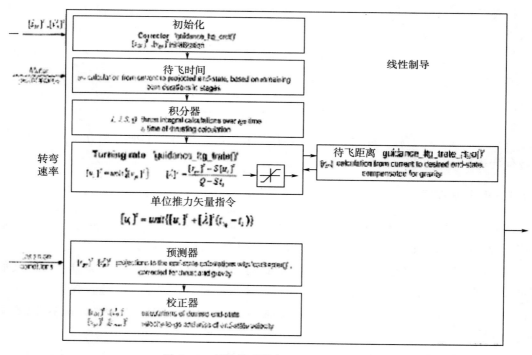

图 6-5　制导模型的主要函数及其名称

```
//calculating thrust command vector in inertial coordinater
Matrix TC＝ULAM ＋LAMD＊(time_ltg－tlam);
…
//unit vector
Matrix UTIC(3,1);
UTIC＝TC. univec 3();
```
CodeEx 6.1　方程（6-3）在制导函数 guidance _ ltg（）中的应用

6.2.4　Time - To - Go 计算和 BECO

推力积分需要精确预测 time - to - go（tgo）。从当前历元到终端历元的 time - to - go 是基于剩余级的总的燃烧时间来确定的。

各级和最后一级（直到 BECO）需要的燃烧时间是由对推力剖面进行积分直到满足终端速度 v_{go} 而获得的，积分时间为 t_{go}，图 6-6 给出了三级推力剖面。

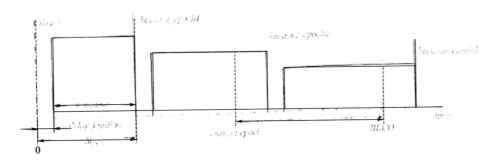

图 6-6　三级助推器推力剖面

每一级都由推进剂质量、脉冲推力、比冲和燃烧率进行表征，从中可以计算推力和燃烧时间。分离时间也必须考虑。当最后以及满足终端条件时，BECO 被发出，火箭发动机关机。

6.3　入轨性能

一个助推器的制导律由满足入轨条件的半径、速度和航迹角的精度所决定。再简单运行一个输入文件 input _ insertion. asc，但现在我们也包括一个天气界面，涉及特殊的发射大气、风和湍流。最终的入轨条件如 CodeEx 6.2 所示。

```
＊＊＊ Boost engine cut－off time ＝ 183. 812 sec ＊＊＊
Orbital position          dbi ＝ 6. 46999E＋006 m
Inertial speed            dvbi ＝ 6599. 5 m/s
Flight path angle         thtvdx ＝ 0. 999285 deg
```

Position error　　　　　　　　ddb = 5.59821 m

Speed error　　　　　　　　dvdb = 0.502942 m/s

Angle error　　　　　　　thtvddbx = 0.00071489 deg

CodeEx 6.2　　一个蒙特卡洛仿真的入轨条件

　　正如所看到的，LTG 在实际条件如风和湍流影响大气上升段的情况下，仍然可以很好地满足终端约束，即使是惯导系统和星敏感器的不确定性在整个轨迹中干扰导航解算的情况。

　　实际上，这里只是利用一个随机分布运行了一次。对于一个更切合实际入轨性能的评价，至少 100 次蒙特卡洛仿真是必要的。图 6-7 给出了这一结果。这些分散的点是双变量点，表征速度误差和距离误差（地心到航天器的距离）。各自的平均值由 50% 误差椭圆进行表征。如图 6-7 所示，集合它们的标准方差：距离误差 0.948 4 ±5.057 6 m 和速度误差 0.122 8±1.854 m/s。基于一个很窄的航迹均值和标准方差的扩散（0.016 8±0.018 5)°，可以看出这是一个很好的入轨性能。在入轨点，相比期望的条件，轨迹稍微向上偏。

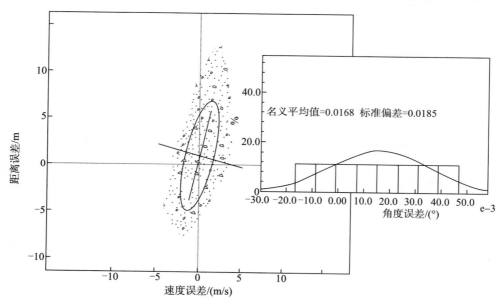

图 6-7　入轨精度，表征速度和距离误差的离散点以及 100 次蒙特卡洛仿真的航迹角误差柱状图

　　图 6-7 描述了 LTG 针对一系列入轨条件的性能。更感兴趣的是入轨窗口，即给定的发射位置、三个火箭发动机总的冲量以及入轨半径，速度、航迹角的变化范围变化多大仍旧可以获得满意的性能。

　　要探索这个入轨窗口，首先建立一个含有多个飞行器，并满足飞行器入轨散布条件的文件。事实上，对每条轨迹应该执行蒙特卡洛仿真，并运用 MCAP 获得平均性能。为节省时间，可以进行单一的随机运行。证明过程基于这样一个事实，一旦第三级燃料耗尽，误差距离极大地减小。

　　图 6-8 给出了入轨窗口。竖轴给出了在保持速度和航迹角在其基本值时的最大和最

小径向距离。窗口距离为 90 km。水平轴给出了惯性窗口速度为 110 m/s 时的基本距离和航迹角。最后，保持基本距离和速度固定，飞行航迹角的方差在 ±7° 之间。

范围窗口边界处的实际的入轨点值由 CodeEx 6.3 给出。已经证明入轨精度在上下边界处都很高。

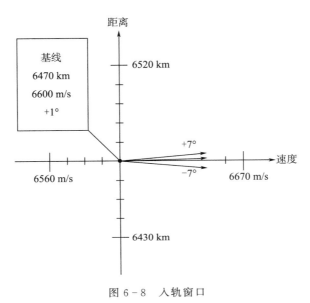

图 6-8　入轨窗口

CodeEx 6.4 给出了速度窗口的数值。再次证明上下速度界限处的误差值可以接受。

通过 CodeEx 6.5 查看航迹角窗口。尽管位置和速度误差可以接受，但角度误差仍然偏大，在上边界处为 0.250 639°，下边界处为 −0.407 644°。与 CodeEx 6.2 中的基本值 0.000 714 89° 相比较。航迹角满足入轨精度非常重要，因为其决定了轨道的形状。因此，航迹角窗口是不切实际的。采用角度误差标准作为窗口大小的标准，而不是采用距离。你愿意采用它么？

Upper range limit
 Orbital position   dbi = 6.52e+006 m
 Position error   ddb = −0.879327 m
 Speed error   dvdb = 0.357919 m/s
 Angle error   thtvddbx = −0.0027°
Lower range limit
 Orbital position   dbi = 6.42999e+006 m
 Position error   ddb = 7.08246 m
 Speed error   dvdb = 0.410412 m/s
 Angle error   thtvddbx = 0.0480203°

CodeEx 6.3　范围窗口

Upper range limit

　　Inertial speed　　　　dbi $=$ 6669. 71 m/s

　　Position error　　　　ddb $=$ -2. 8469 m

　　Speed error　　　　　　　　dvdb $=$ 0. 290891 m/s

　　Angle error　　　　　　　　thtvddbx $=$ -0. 0395535°

Lower range limit

　　Inertial speed　　　　dbi $=$ 6559. 6 m/s

　　Position error　　　　ddb $=$ -1. 12895 m

　　Speed error　　　　　　　　dvdb $=$ 0. 396605 m/s

　　Angle error　　　　　　　　thtvddbx $=$ -0. 0199157°

CodeEx 6. 4　速度窗口

Upper range limit

　　Flight path angle　　thtvdx $=$ 6. 74936°

　　Position error　　　　ddb $=$ 6. 19419 m

　　Speed error　　　　　　　　dvdb $=$ 0. 570772 m/s

　　Angle error　　　　　　　　thtvddbx $=$ 0. 250639°

Lower range limit

　　Flight path angle　　thtvdx $=$ -6. 59236°

　　Position error　　　　ddb $=$ -8. 11009 m

　　Speed error　　　　　　　　dvdb $=$ 0. 428472 m/s

　　Angle error　　　　　　　　thtvddbx $=$ -0. 407544°

CodeEx 6. 5　航迹角窗口

　　可以看到 LTG 制导律满足了基本的入轨条件精度，并且对离线条件也具有适应性。事实上，让自驾仪高精度执行这些制导指令也同样重要。否则，助推器将会错过入轨窗口。自驾仪的具体细节可见 1.6 节。

　　上述通过对一个以 GPS/INS/星敏作为导航方式，以 LTG 作为制导方式的三级火箭助推器的详实的建模仿真进行展示，得出了结论。现在需要读者去理解这些理论，掌握相应代码，并在自己的项目中得以应用。

参 考 文 献

[1] Adler，R.，Bazin，M.，and Schiffer，M.，Introduction to General Relativity，Mc Graw Hill，New York，1965，p107.

[2] Biezad，D. J.，Integrated Navigation and Guidance Systems，Education Series，AIAA，1999.

[3] Blake，W.，Missile DATCOM User Manual，Air Force Research Lab AFRL – RQ – WP – TR – 2014 –3999，2014.

[4] Bryson，A. E.，Jr.，and Yu – Chi Ho，Applied Optimal Control：Optimization，Estimation and Control，CRC Press，revised edition 1975.

[5] Bryson，A. E，Control of Spacecraft and Aircraft，Princeton University Press，1994.

[6] Farrell，J. and Barth，M.，The Global Positioning System and Inertial Navigation，McGraw – Hill，1999.

[7] Hoffleit，E. D.，Warren，W. H. Jr.，The Bright Star Catalogue，5th Rev. Ed.，Yale Univ.，1991.

[8] Long and McHenry，" Powered Flight Prediction"，NASA Class Notes，unpublished and undated.

[9] Spilker，J. J，Jr.，Digital Communication by Satellite，Prentice – Hall，New Jersey，1995.

[10] Zipfel，P. H.，" On Flight Dynamics of Magnus Rotors"，Department of the Army，Tech Report 117，November 1970，DTIC AD0716345.

[11] Zipfel，P. H.，Modeling and Simulation of Aerospace Vehicle Dynamics，3rd Edition，AIAA，2014.

附　录

为了便于读者更好地理解本书，该部分以附录的形式提供了一些必要知识。如果读者阅读过我 2014 年出版的书，那么你已经熟悉了张量飞行动力学、坐标系和 CADAC 体系等知识。即使这样，你在用这些概念时可能仍然需要集中查阅。如果你以前没有涉猎过该领域，但对我的飞行动力学方法感兴趣，且希望进一步学习本书的内容，那么为便于后续讨论，你需要掌握本附录的知识点。

A.1　张量飞行动力学

一个世纪前人们对飞行动力学就已开始研究，许多学者名留史册，像利连索尔、蓝彻斯特、莱特兄弟、冯·米塞斯、埃特金等。他们在推导标量方程时利用的数学工具就是矢量。在计算机取代计算尺之后，直接利用未分解成标量形式的线性系统软件包和后期的线性代数软件包来计算矩阵方程。现在张量正逐步取代矢量，利用矩阵进行直接编程计算。

从 20 世纪 60 年代末开始，我对张量飞行动力学进行了研究，主要内容体现在 1970 年我的论文中。1965 年，爱因斯坦提出了相对论原理：所有的物理规律在任何坐标变化下是不变的。基于该原理，通过张量飞行动力学可以得到相同坐标系下的飞行动力学模型。另一方面，爱因斯坦基于相对论原理中的狭义相对论和广义相对论，把张量飞行动力学这一经典力学的分支应用到了牛顿运动定律中。

为了用相对理论（像张量）阐述经典力学，下面介绍两个新的概念。一个是旋转时间导数，当进行张量运算时它是一个保持改变张量特性的时间算子；另一个是欧拉变换，它用来代替参考坐标系的一个变换。

当时间导数在指定坐标系下对矢量进行运算时，旋转时间导数同样可以在参考坐标系下进行张量运算。张量经过旋转时间导数运算后还是张量。在牛顿定律中，通过旋转时间导数替代一般时间导数，定律的张量特性将保持不变，即在所有坐标系下，即使不是惯性坐标系，都保持相同的形式。基于该描述，牛顿定律遵守爱因斯坦的相对论原理。

坐标系与参照系差异很大。参照系是物理实体模型，像惯性参照系、机体或传感器，而坐标系是数学上的抽象，它把欧几里德三维空间同有序代数数联系起来。

A.1.1　符号

为了更清晰地阐述张量飞行动力学，这里对相关符号进行了专门定义。后续内容中，本书 1.2 节提供的基本约定在这里也适用。这里将对此进行专门的叙述。

为了同矩阵区分，这里采用粗体字来表示张量，普通字体表示矩阵。为了强调矩阵是一个序列，把它们放在括号里，并用大写字母作为上标表示坐标系。对于飞行动力学，这里仅论述 1 阶和 2 阶张量，笼统地称它们为矢量和张量。矢量采用小写字体表示，张量采用大写字体表示。上标和下标表示专门的物理特性。

用张量符号表示牛顿定律方程（2-1）为

$$mD^I \boldsymbol{v}_B^I = \boldsymbol{f}_{a,p} + m\boldsymbol{g} \tag{A-1}$$

在所有坐标系下这都是合理的。等式的左侧是加速度矢量 $D^I \boldsymbol{v}_B^I$ 与质量 m 的乘积。右侧是重力 $m\boldsymbol{g}$，以及由气动力和推力组成的外部作用力矢量 $\boldsymbol{f}_{a,p}$。

我们对于加速度 $D^I \boldsymbol{v}_B^I$ 相当感兴趣，这里 $\boldsymbol{v}_B^I$ 是质心 B 相对于坐标系 I 的速度，D^I 为相对于坐标系 I 的旋转时间导数。需要注意的是，下标表示点，上标表示坐标系。点和坐标系是描述飞行动力学中任何现象的特殊概念。

在传统动力学中，粒子起到了重要的作用。粒子是一个具有体积和质量的点。例如，在轨迹研究中，火箭质心 B 跟踪时需要考虑它的体积和质量。对于火箭的弹体，我们可以假设它为粒子 B_i 的聚集点，每一个点的体积和质量组成了整个火箭的体积和质量。特殊情况下，当所有的粒子相互固定时，我们称之为刚体（系 B）。然而，坐标系不仅仅是材料，我们还可以把它们作为参考，像惯性系、地球系或者导引头系。一般而言，坐标系是相互固定点的集合。

A.1.2　旋转时间导数

回到牛顿定律，现在我们主要聚焦旋转时间导数。它是相对于惯性坐标系 I 的时间导数。意思是什么呢？它是一个物理概念，不是数学概念。它是符号的不是数字的。它不仅是数字上的运算，而且是抽象张量的运算。但是，一般的时间导数仅仅是数字的运算。所以，我们计算时该如何转化旋转时间导数为一般时间导数呢？如果我们在坐标系 $]^I$ 内表示旋转导数，那么我们就能得到一般的时间导数

$$[D^I \boldsymbol{v}_B^I]^I = \left[\frac{\mathrm{d}\boldsymbol{v}_B^I}{\mathrm{d}t}\right]^I \tag{A-2}$$

如果坐标系的任意两个固连点不随时间变化，那么坐标系 $]^I$ 称为与坐标系 I 固连。

例如，从地心 I 到点 N 画一个位置矢量 $\boldsymbol{s}_{NI}$，如果地球的角速度矢量沿着地球的表面，那么这两个点是惯性坐标系 I 内的点。如果我们将 $\boldsymbol{s}_{NI}$ 放在惯性系 $[\boldsymbol{s}_{NI}]^I$ 内，那么此 3×1 矩阵内的元素都不会随时间改变。

因此，牛顿定律方程（A-1）在惯性坐标系内可表示为

$$m[D^I \boldsymbol{v}_B^I]^I = [\boldsymbol{f}_{a,p}]^I + [m\boldsymbol{g}]^I$$

利用方程（A-2），可得

$$m\left[\frac{\mathrm{d}\boldsymbol{v}_B^I}{\mathrm{d}t}\right]^I = [\boldsymbol{f}_{a,p}]^I + [m\boldsymbol{g}]^I \tag{A-3}$$

这是能编程计算的一个最直接的表达形式，它对任何坐标系统都是有效的。例如，在体坐标系下，可以写成

$$m[D^I \boldsymbol{v}_B^I]^B = [\boldsymbol{f}_{a,p}]^B + [m\boldsymbol{g}]^B \tag{A-4}$$

但是 $[D^I \boldsymbol{v}_B^I]^B$ 是什么意思呢？又如何计算呢？体坐标系统 $]^B$ 与坐标系 I 有没有关系呢？为了得到它们之间的矩阵表达式，我们需要对任意一阶张量 $\boldsymbol{x}$ 引进旋转时间导数的定义

$$[D^I \boldsymbol{x}]^B = \left[\frac{\mathrm{d}\boldsymbol{x}}{\mathrm{d}t}\right]^B + [\boldsymbol{T}]^{BI} \overline{\left[\frac{\mathrm{d}\boldsymbol{T}}{\mathrm{d}t}\right]}^{BI} [\boldsymbol{x}]^B \tag{A-5}$$

这里 $[\boldsymbol{T}]^{BI}$ 是坐标系 $]^B$ 关于 $]^I$ 的转换矩阵，$]^B$ 固连于体坐标系 B。应用方程（A-4），有

$$m\left[\frac{\mathrm{d}\boldsymbol{v}_B^I}{\mathrm{d}t}\right]^B = -m [\boldsymbol{T}]^{BI} \overline{\left[\frac{\mathrm{d}\boldsymbol{T}}{\mathrm{d}t}\right]}^{BI} [\boldsymbol{v}_B^I]^B + [\boldsymbol{f}_{a,p}]^B + m [\boldsymbol{g}]^B \tag{A-6}$$

现在所有的导数都是一般时间的导数，并且方程（A-6）可以通过数字求解。然而，问题依然存在，如何解 $\left[\dfrac{\mathrm{d}\boldsymbol{T}}{\mathrm{d}t}\right]^{BI}$ 呢？欧拉变换给我们提供了一个满意的解决方案。

A.1.3　欧拉变换

旋转时间导数和欧拉变换是张量飞行动力学的两大支柱。欧拉变换控制着参考坐标系旋转时间导数的变化。

假设坐标系 A 和 B，坐标系 B 关于 A 的相对角速度为 $\boldsymbol{\omega}^{BA}$，那么任意矢量 $\boldsymbol{x}$ 的旋转时间导数可通过如下变换得到

$$D^A \boldsymbol{x} = D^B \boldsymbol{x} + \Omega^{BA} \boldsymbol{x} \tag{A-7}$$

给定 $D^B \boldsymbol{x}$，加上 $\Omega^{BA} \boldsymbol{x}$ 可以得到 $D^A \boldsymbol{x}$，张量积 $\Omega^{BA} \boldsymbol{x}$ 是 Ω^{BA}（$\boldsymbol{\omega}^{BA}$ 的反对称型）与 $\boldsymbol{x}$ 的乘积。

根据方程（A-7），对方程（A-1）应用欧拉变换，可得

$$m D^I \boldsymbol{v}_B^I = m D^B \boldsymbol{v}_B^I + m \Omega^{BA} \boldsymbol{v}_B^I$$

因此，有张量关系

$$m D^B \boldsymbol{v}_B^I = -m \Omega^{BI} \boldsymbol{v}_B^I + \boldsymbol{f}_{a,p} + m \boldsymbol{g} \tag{A-8}$$

现在，通过引入 $]^B$ 坐标系，就有

$$m [D^B \boldsymbol{v}_B^I]^B = -m [\Omega^{BI}]^B [\boldsymbol{v}_B^I]^B + [\boldsymbol{f}_{a,p}]^B + m [\boldsymbol{g}]^B$$

因为 $]^B$ 坐标系是与坐标系 B 相关联的，所以旋转时间导数已经变成了一般时间导数

$$m\left[\frac{\mathrm{d}\boldsymbol{v}_B^I}{\mathrm{d}t}\right]^B = -m [\Omega^{BI}]^B [\boldsymbol{v}_B^I]^B + [\boldsymbol{f}_{a,p}]^B + m [\boldsymbol{g}]^B \tag{A-9}$$

该方程可以直接以方程的形式编译，3×3 角速度矩阵 $[\Omega^{BI}]^B$ 通过利用欧拉定律解姿态方程可以求得。

比较方程（A-6）和（A-9），可以得到运动学关系式为

$$[\boldsymbol{T}]^{BI} \overline{\left[\frac{\mathrm{d}\boldsymbol{T}}{\mathrm{d}t}\right]}^{BI} = [\Omega^{BI}]^B$$

从而

$$\left[\frac{\mathrm{d}\boldsymbol{T}}{\mathrm{d}t}\right]^{BI} = \overline{[\Omega^{BI}]^B} [\boldsymbol{T}]^{BI} \tag{A-10}$$

在欧拉转换矩阵 $[\boldsymbol{T}]^{BI}$ 给定的条件下，上式为线性微分方程，利用它可以得到欧拉角。

A.1.4 六自由度运动方程

火箭的运动方程是典型的在惯性坐标系而不是在体坐标系求解的方程，方程（A-3）同我们在 2.2 节得到的方程（2-2）是一样的。所以我们可以不采用欧拉变换。然而，运动姿态动力学方程却是在体坐标系下表示的，因此我们推导时利用了欧拉变换，见方程（2-7）。其张量表达式（2-8）在体坐标系下可以重写为

$$\boldsymbol{I}_B^B D^B \boldsymbol{\omega}^{BI} + \Omega^{BI} \boldsymbol{I}_B^B \boldsymbol{\omega}^{BI} = \boldsymbol{m}_B$$

综上，火箭六自由度运动方程为

$$\left[\frac{\mathrm{d}\boldsymbol{v}_B^I}{\mathrm{d}t}\right]^I = \frac{1}{m}[\boldsymbol{f}_{a,p}]^I + [\boldsymbol{g}]^I$$

$$\left[\frac{\mathrm{d}\boldsymbol{\omega}^{BI}}{\mathrm{d}t}\right]^B = ([\boldsymbol{I}_B^B]^B)^{-1}(-[\Omega^{BI}]^B[\boldsymbol{I}_B^B]^B[\boldsymbol{\omega}^{BI}]^B + [\boldsymbol{m}_B]^B)$$

$$\left[\frac{\mathrm{d}s_{BI}}{\mathrm{d}t}\right]^I = [\boldsymbol{v}_B^I]^I$$

$$\left[\frac{\mathrm{d}\boldsymbol{T}}{\mathrm{d}t}\right]^{BI} = \overline{[\Omega^{BI}]^B}[\boldsymbol{T}]^{BI}$$

前两个方程分别是平移动力学方程和姿态动力学方程，可以求得其 3 维状态变量 $[\boldsymbol{v}_B^I]^I$ 和 $[\boldsymbol{\omega}^{BI}]^I$。后两个方程代表火箭的运动特性，可以得到位置矩阵 $[s_{BI}]^I$ 和姿态矩阵 $[\boldsymbol{T}]^{BI}$。

大约半个世纪后，张量飞行动力学因其精确的分析在工程和科学领域得到了广泛的认可。对我而言，这对我在空军和佛罗里达大学教学职业生涯中起到了重要的作用。

A.2 坐标系

尽管这里讨论的是张量，但是对我们而言，坐标系是相当重要的。张量是物理现象建模的抽象物，编程时需要转换成矩阵。通过把张量坐标化，可以得到其矩阵形式。这里我们将概括说明与本书内容相关的坐标系。

A.2.1 地球坐标系与惯性坐标系

惯性坐标系是一种非常重要的坐标系。牛顿定律就是在惯性坐标系下表示的，见方程（2-3）。惯性坐标系是与地球坐标系相关的，见图 A-1。时角 Ξ 是两个坐标系间的转换角。它随着地球相对于惯性坐标系滚转轴旋转变化。表 A-1 给出了各轴的定义和转换矩阵。举个例子，火箭质心 B 关于地心 I 的位置矢量 $[s_{BI}]^I$ 就表示在惯性坐标系下。那么，它在地球坐标系的坐标为

$$[s_{BI}]^E = [\boldsymbol{T}]^{EI}[s_{BI}]^I$$

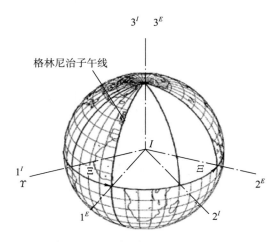

图 A-1　地球坐标系与惯性坐标系

表 A-1　地球坐标系关于惯性坐标系的转换

	地球坐标系	时角 Ξ		惯性坐标系	
1^E	格林尼治/赤道			春分点	1^I
2^E		$[T]^{EI} = \begin{bmatrix} \cos\Xi & \sin\Xi & 0 \\ -\sin\Xi & \cos\Xi & 0 \\ 0 & 0 & 1 \end{bmatrix}$			2^I
3^E	地球旋转轴			地球旋转轴	3^I

　　因为我们研究的是笛卡儿张量，所以转换矩阵是正交的，其行列式为 ±1。如果仅允许为正值，那么我们将设定为右手转换法则。

A.2.2　地心坐标系与地球坐标系

　　我们在地球上空航行参考的坐标系为东北坐标系，图 A-2 给出了需要的复杂转换。从地球坐标系开始，首先作经度变换 l，然后纬度上旋转 λ，最后翻转 90°指向地心的第三个轴。

　　为了得到变换矩阵，需要将三次变换矩阵相乘，即

$$[T]^{GE} = [T(180°)]^{GY} [T(90°-\lambda)]^{YX} [T(l)]^{XE}$$

　　注意到变换矩阵的上标包含两个中间坐标系 $]^X$ 和 $]^Y$。为了验证转换顺序的准确性，可以让临近字母连接，让 GE 在左侧，如 $GE \leftarrow GY \lrcorner YX \lrcorner XE$。相乘得结果见表 A-2。矩阵 $[T]^{GE}$ 主要用于球面导航方程。

表 A-2　地心坐标系关于地球坐标系的转换

	地心坐标系	经度、纬度		地球坐标系	
1^G	北极			格林尼治/赤道	1^E
2^G	地心	$[T]^{GE} = \begin{bmatrix} -\sin\lambda\cos l & -\sin\lambda\sin l & \cos\lambda \\ -\sin l & \cos l & 0 \\ -\cos\lambda\cos l & -\cos\lambda\sin l & -\sin\lambda \end{bmatrix}$			2^E
3^G	地心			地球旋转轴	3^E

　　如果使用 WGS84 椭球模型，那么就必须考虑地球的扁率，因此需要引入大地坐标系。

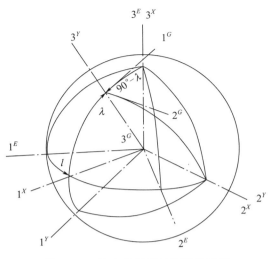

图 A - 2　地心坐标系与地球坐标系

A.2.3　大地坐标系与地心坐标系

大地坐标系是当地水平的，即它向下的方向或者第三个轴在地球 B_0 点垂直于地面，见图 A - 3。图中 λ_c 是地心纬度，λ_d 是大地纬度，两个角度之间的差称为偏斜角，有 $\sigma = \lambda_d - \lambda_c$。

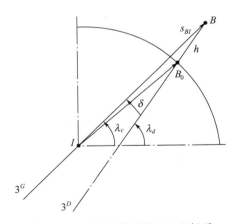

图 A - 3　大地坐标系与地心坐标系

表 A - 3 给出了两个地理坐标系的转换矩阵。如果用 λ_d 替换 λ，表 A - 2 中的导航方程仍然有效。从地心坐标系到大地坐标系的转换可以通过以下矩阵完成

$$[T]^{DE} = [T]^{DG} [T]^{GE}$$

表 A - 3　大地坐标系关于地心坐标系的转换

	大地坐标系	偏斜角 δ	地心坐标系	
1^D	北极	$[T]^{DG} = \begin{bmatrix} \cos\delta & 0 & \sin\delta \\ 0 & 1 & 0 \\ -\sin\delta & 0 & \cos\delta \end{bmatrix}$	北极	1^G
2^D				2^G
3^D	垂线		地心	3^G

A. 2. 4　体坐标系与地理坐标系

下面将介绍一种叫做方向余弦矩阵或者欧拉转换矩阵的变换矩阵。它由欧拉角 ψ，θ，φ 或者偏航、俯仰、滚转角组成。依据地球模型，从地心坐标系或者大地坐标系开始均可。简言之，我们称其中一个为地理坐标系，并且用符号 $]^G$ 表示。另一个坐标系是体坐标系 $]^B$，它与体坐标 B 关联。这两个坐标系见图 A - 4。

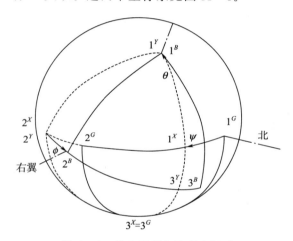

图 A - 4　体坐标系与地理坐标系

三个角的转换矩阵相乘得到如表 A - 4 所示的欧拉矩阵

$$[T]^{BG} = [T(\varphi)]^{BY} [T(\theta)]^{YX} [T(\psi)]^{XG}$$

表 A - 4　体坐标系关于地理坐标系的转换

	体坐标系	偏航 ψ、俯仰 θ、滚转 φ			地理坐标系	
1^B	鼻（前）	$[T]^{BG} = \begin{bmatrix} \cos\psi\cos\theta & \sin\psi\cos\theta & -\sin\theta \\ \cos\psi\sin\theta\sin\varphi - \sin\psi\cos\varphi & \sin\psi\sin\theta\sin\varphi + \cos\psi\cos\varphi & \cos\theta\sin\varphi \\ \cos\psi\sin\theta\cos\varphi + \sin\psi\sin\varphi & \sin\psi\sin\theta\cos\varphi - \cos\psi\sin\varphi & \cos\theta\cos\varphi \end{bmatrix}$			北极	1^G
2^B	右翼（右）					2^G
3^B	下				中心或垂线	3^G

A. 2. 5　航迹坐标系与地理坐标系

再一次从地理坐标系开始，它定义的飞行轨迹坐标系见图 A - 5。

为了得到速度矢量的方向 1^V，从北 1^G 旋转航向角 χ，然后在垂直方向上旋转飞行轨迹角 γ。结合两个转换矩阵，得到

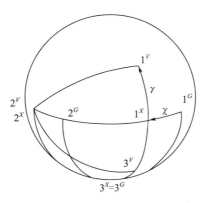

图 A - 5　飞行轨迹坐标系与地理坐标系

$$[T]^{VG} = [T(\gamma)]^{VX} [T(\chi)]^{XG}$$

转换关系见表 A - 5。

表 A - 5　航迹坐标系关于地理坐标系的转换

	航迹坐标系	航向角 χ 、飞行路径角 γ			地理坐标系	
1^V	速度	$[T]^{VG} =$	$\begin{bmatrix} \cos\gamma\cos\chi \\ -\sin\chi \\ \sin\gamma\cos\chi \end{bmatrix}$	$\begin{matrix} \cos\gamma\cos\chi & -\sin\gamma \\ \cos\chi & 0 \\ \sin\gamma\sin\chi & \cos\gamma \end{matrix}$	北极	1^G
2^V	水平右方向					2^G
3^V					中心或垂线	3^G

A.2.6　气动弹道坐标系与体坐标系

四方对称火箭的气动力和力矩模型是在极坐标系下建立的，它可以从体坐标系通过气动滚转角 φ' 和总攻角 α' 转换得到，见图 A - 6。1^B 和 2^R 轴形成了机动面。

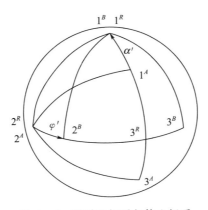

图 A - 6　弹道坐标系与体坐标系

结合两个转换可以得到转换矩阵 $[T]^{AB}$ 为

$$[T]^{AB} = [\overline{T}]^{BA} = [\overline{T}(\alpha')]^{RA} [\overline{T}(\varphi')]^{BR}$$

转换关系见表 A - 6。

表 A - 6　　气动弹道坐标系关于体坐标系的转换

	弹道坐标系	滚转 φ'、攻角 α'		体坐标系	
1^A	速度	$[T]^{AB} = \begin{bmatrix} \cos\alpha' & \sin\alpha'\sin\varphi' & \sin\alpha'\cos\varphi' \\ 0 & \cos\varphi' & -\sin\varphi' \\ -\sin\alpha' & \cos\alpha'\sin\varphi' & \cos\alpha'\cos\varphi' \end{bmatrix}$		鼻向（前）	1^B
2^A	机动面				2^B
3^A				右翼（右）	3^B

这里是相关坐标系的简要概述。如果你对它们不熟悉，需要进一步的解释，可以参阅本人 2014 年的书。

A.3　CADAC++

CADAC++是本书的 ROCKET6G 仿真框架，它来源于过去 20 多年为航天领域服务并得到广泛应用的 CADAC FORTRAN。此后，C++在工程仿真方面的进步也使得作者所有仿真均采用了 C++。

在以模型为网络中心的需求的驱动下，各类航空航天器相互借鉴，相互影响，而面向对象特征的 C++则使得这些飞行器的建模代码更加紧凑。此外，由于 C++具有良好的多态性、继承性和封装性，使其已经可以建立更大的构造仿真。

注：构造仿真是根据实际的工程情况分析，建立数学模型，借助相关的计算机软件程序对建立的数学模型进行仿真分析，是对实际工程情况的一种模拟，有助于分析复杂的实际情况，帮助解决问题。

A.3.1　构造仿真

构造仿真已成为工程师的主要一体化集成工具。对气动特性、推力特性、制导和控制所支撑的概念研究、硬件集成、飞行测试和训练之间的相互物理作用进行真实的描述。具体地说：

- 开发性能需求。模拟的各种概念，以符合技术要求，并定义初步性能指标。
- 性能技术权衡分析。不同的子系统相互影响下的建模和分析，以确定最佳的指标来满足性能需求。
- 指导和验证设计。在切割金属之前，设计一个测试试验并通过仿真来验证。
- 测试支持。测试轨迹、预先计算的可达域和测试结果均与仿真相关。
- 降低测试成本。一个通过飞行试验验证的仿真，可用来对飞行包络中的其他点进行研究。
- 未知环境研究。仿真是唯一能够检验飞行器在火星大气内的飞行或在金星上着陆的方法。
- 飞行员和操作员训练。成千上万的飞行模拟器有助于培养军事和民用飞行员。
- 演习应急程序。系统故障、中止程序和极端条件下的飞行可通过模拟器安全地模拟出来。

• 洞察飞行动力学。动力学变化可通过对仿真追溯获得，限制约束则可通过识别获得。

• 组件集成。了解子系统如何相互作用，并形成一个功能飞行器。

在 CADAC 的发展历程中，支持过所有的这些任务。其可用来发展导弹性能需求，技术权衡分析（机身，推力特性，导引头，制导和控制），支持飞行测试规划和数据分析。空空导弹概念已集成到空战领域和导弹水平仿真框架，就像 FLAMES 一样。

不是所有的 CADAC 仿真都是高逼真的六自由度仿真，虽然高逼真建模是部署精度、半实物仿真和飞行试验的要求。然而，在武器概念设计阶段，即使是在模型完善的情况下，较低逼真度的五自由度也往往由于缺乏详细的组件数据而难以实现。近年来，大多数的 CADAC 仿真均为高逼真的六自由度仿真，但 UAV、空空弹道和空地弹道采用的是五自由度模型。所有这些仿真在 CADAC＋＋框架中都是一样的，区别在于飞行器类结构及其相关的模块。

为了提高构造仿真的效率，还必须提供多功能的绘图和随机数据处理功能。而 CADAC Studio 则满足了这种需求，其历史和 CADAC 仿真一样杰出。最初开发是为了适用于大型主机，后来是 VAXs，最后是个人电脑。绘图和随机数据处理提供了交互式绘图、发射包线自动生成、可达域生成和蒙特卡洛仿真后处理等功能。

绘图选项包括二维轨迹和三维轨迹，无论是在直角坐标系或经纬高的全球坐标系。条状图能力使其能绘出 12 条轨迹随时间的关系。

CADAC Studio 的机动能力分析程序能自动生成空地导弹的可达域和空空导弹的飞行包络。单一的 CADAC 仿真将根据提交的目标网格生成轨迹。绘图选项根据选定参数生成大规模的绘图。

蒙特卡洛仿真中考虑各种偏差和不确定性的影响，如气动偏差、INS 误差、导引头误差和阵风。CADAC Studio 分析输出并生成 CEP，目标是二维椭圆和平均值，或拦截平面上的点散布。甚至机动能力分析程序可以在蒙特卡洛模式下基于包络和可达域生成 CEP。

CADAC＋＋的架构是基于继承类的层次结构。飞行器（飞机、导弹及卫星）和地面目标继承了类 Flat6 或 Round6 的六自由度运动方程，这些运动方程通常是基于平面大地模型或椭球模型建立的。反过来，这些类继承了基类 Cadac 的通信结构。飞行器的组件，如气动特性、推力特性和自动驾驶仪可通过模块来代替，这些都是飞行器类的成员函数。各模块间的通信均发生在受保护的模块变量数组中。每一个实例化的飞行器对象由被封装的方法和数据组成。飞行器之间通信时，数据包被加载到一个全局性的数据总线供其他飞行器调用。参数输入通过文件传递，输出由 CADAC Studio 来保证，绘图和数据处理包则由 CADAC4 来实现（可从 AIAA/ARC 支持的链接下载我的教材）。

本附录给出了从需求定义到架构开发的过程，并解释了构造仿真的全过程。

需求

CADAC＋＋是一个旨在开发航空航天飞行器的工程工具。虽然它主要聚焦于主要的飞行器（导弹、飞机及航天飞行器），但同时也能描绘与外部元素的相互作用，如卫星、目标飞行器和同类型飞行器。

系统综合和概念化过程将不同的要求置于仿真体系结构中。为支持设计工程师对气动特性、推力特性、制导和控制元件的评估，CADAC＋＋能反映相同的模块化结构并密切控制它们之间的接口。此外，CADAC＋＋封装飞行器对象多实例化并提供它们之间的全局数据交互。输入和输出接口必须与CADAC Studio灵活兼容，CADAC Studio是一个后处理和分析工具。具体要求如下。

面向用户

用户通常喜欢把重点放在对飞行器的评价上，而不是仿真运行的细节。他们希望控制输入/输出和定义子系统的飞行器模块。

整个仿真仅由一个输入文件来控制。该输入文件包括需要显示的运行标题，用于输出选项、模块的调用顺序、积分步长的大小和飞行器参数的初始化。气动特性和推力特性数据以表格形式单独保存，而不是以部分源代码形式保存，在执行仿真前调用输入文件中表格的文件名，即可将数据加载到内存中。如有必要，飞行器对象的多个实例可以通过简单地复制飞行器输入数据和改变选择的变量来获得。

输出控制有简单的是/否选择。并有一个提供输出到屏幕上的主要和次要事件的消息的选项，这些消息表征飞行器飞行状态的改变。此外，还有一个选项可以将屏幕显示输入到一个文件中。单个飞行器和多飞行器显示的绘图数据以及统计数据文件被写入到文件中。这些输出文件与现有的CADAC Studio兼容来实现二维、三维绘图和统计分析。

飞行器组件模块中能反映其建模特点。严格控制接口使模块在仿真中互换。模块应该定义这些接口变量，并进行状态变量的积分，方便表格查找。用户更换的任何飞行器都仅局限于这些模块。

多个封装的飞行器对象

每个航空航天飞行器（可能是火箭、飞机或航天器）都是基于类层次建立起来的，首先是基类Cadac，其次是运动方程，最后是飞行器本身。每个飞行器是一个C＋＋对象的数据（气动特性和推力特性）和方法（模块）的封装。在飞行器对象执行过程中，运行时的多态性通常是一个序列。

飞行器组件模块化

模块代表的是飞行器组件，是飞行器类的公共成员函数。模块的接口和变量被存储在受保护的数组中，并对飞行器对象的所有模块开放。在运行过程中，模块定义了所有模块变量，进行初始化，对状态变量进行积分，并进行后台计算。

事件调度

正如航空航天飞行器的飞行过渡阶段，仿真也能够通过一些事件来模拟这个过程。这些事件由输入文件控制，无需任何模块的代码更改。关系操作符，如<、=、>将应用于模块变量和触发事件。

全局通信总线

由于飞行器对象被封装成类，因此采用一个全局性的通信总线来进行数据传输。每一个飞行器应该能够输出和接收任何模块变量。

查表

表格实用工具提供一维、二维和三维变量的查找。表必须存储在单独的文件中，并且容易完成修改。在模块的编程中，简单的语法使查表容易。

蒙特卡洛能力

若要自动地对随机过程进行评价，则需采用蒙特卡洛方法。类似像高斯分布、瑞利分布、指数分布和马尔可夫分布，可在输入文件中通过简单的关键字确定。为了方便后处理，随机输出数据必须写入 CADAC Studio 兼容的文件中。

矩阵功能运算

C++完全适应于矩阵运算。矩阵工具针对飞行仿真的具体需求进行裁剪，且不受C++的容器类的约束。高效的指针运算可加快运行速度，并且矩阵运算的字符串不受限制。

文件和错误检查

模块变量是模块之间的关键接口，需完全记录。在每个输出文件中所提取的定义，应该是完全相同的。

错误检查应辨识在输入文件或模块中没有指定正确的名称或位置的模块变量。不相容矩阵操作和文件流的打开需要进行标识。

A. 3. 2　体系构架

面向对象的 C++编程可以满足这些要求。CADAC++使用类层次结构、封装数据及方法、运行时多态性、重载的函数和操作符等所有特点，可用于建立一个适合飞行器的仿真环境。

CADAC++编程遵循 ANSL/ISO 委员会 1998 年为 C++定义的国际标准，该标准适用于大多数编译器，如微软的 Visual C++。因此，可移植性是有保证的，低成本的操作也是可能的。

每个需求现在可通过类的区分而得到重点关注，这就是 CADAC++的结构特点。

类	描述
Cadac	飞行器类层次结构的抽象基类
飞行器	定义 Cadac 类型指针数组
模块	存储模块的信息
变量	声明模块变量
事件	事件信息存储

数据包	为全局通信总线声明数据包
数据平台	定义表类型指针数组
表	存储表格数据
马尔可夫	存储马尔可夫数据
矩阵	存储矩阵运算
文件	存储模块变量定义

面向用户

一个可方便使用和修改的仿真框架可满足用户界面优化的需求。输入文件具有控制运行的所有特点：标题、选项行、模块调用、定时控制和飞行器初始化。本书的ROCKET6G 仿真的输入文件片段如 CodeEx A. 1 所示。

```
TITLE input_insertion. asc Three—stage rocket ascent
// comments
MONTE 1 1234
OPTIONS y_scrn   n_comscrn   y_events   y_doc   n_tabout   y_plot   n_stat   n_merge   n_traj
MODULES
            kinematics        def,init, exec
            intercept         def,exec
END
TIMING
            plot_step 0. 05
            int…step 0. 001
END
VEHICLES 1
            HYPER6 SLV
                lonx    —120. 49      //Vehicle longitude — deg module newton
                latx    34. 68        //Vehicle latitude — deg module newton
                alt     100           //Vehicle altitude — m module newton
                dvbe    1             //Vehicle geographic speed — m/s module newton
            //environment
                WEATHER_DECK weather_deck_Wallops. asc
            //aerodynamics
                AERO DECK aero deck SLV. asc
            //propulsion
                mprop 3 // 'int' =0：none；  =3 input；   =4 LTG control
            //INS
                mins 1   //'int'   D  INS mode. =0：ideal INS；=1：with INS errors
            //GPS
                mgps 1 //'int' =0：no GPS；=1：init；=2：extrapol；=3：update
```

```
//star tracker
        mstar 1 //'int' =0：no star、track；=1：init；=2：waiting；=3：update
//LTG guidance
//accceleration autopilot
//tvc
//rcs thrusters
//Event #1 TVC control following RCS control，begin of pitch program
    IF time > 10
    ENDIF
END
ENDTIME 183
STOP
```

CodeEx A.1　ROCKET6G 仿真输入文件

该选项提供 9 个可能的输出。在运行时，y_scrn，y_event 和 y_comscrn 数据写入到控制台；y_tabout，y_plot，y_merge，y_doc，y_traj 和 y_stat 写入到为 CADAC Studio 后处理准备的 ASCII 文件。一个重要的特征是用户可对模块的加载和运行顺序进行控制（对于复杂的仿真，调用顺序可能变得非常重要）。每个 TIMING 事件可以单独控制，而不至于使输出设备负担过重。飞行器对象在关键字 VEHICLES 执行时便开始加载。只显示对象 HYPER6 的一小部分。请注意，表的文件名可通过关键词 WEATHER_DECK 和 AERO_DECK 进行辨识。

想要修改飞行器组件的用户只需要处理相应的模块。模块包含定义组件的所有代码和接口，执行表查找，并对状态变量进行积分。通过严格控制和详细接口文档说明，可被其他仿真程序重复调用。

作为一个示例，newton 模块的结构如图 A-7 所示。

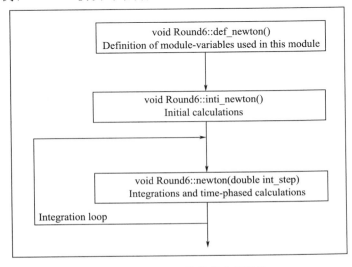

图 A-7　newton 模块的内部结构

在 def_newton（）中，所有模块与其他模块的接口变量的命名、定义和初始化指定位置是 210－299。CodeEx A.2 显示大部分变量。查看模块变量 alt，并将处理指令显示在控制台（"scrn"），写入一个绘图文件（"plot"）或广播通信总线（"com"）。

```
void Round6::def_newton()
{
    round6[217]. init("alph0x",0,"Initiala angle－of－attack    －   deg","newton","data"," ");
    round6[218]. init("beta0x",0,"Initial sideslip angle  －   deg","newton","data"," ");
    round6[221]. init("alt",0,"Vehicle altitude  －m  " ,"newton" ,"init,out","scrn,plot,com");
    round6[225]. init("dvbe",0, "Vehicle geographic speed  －  m/s", "newton", "init,out", "scrn,plot,com");
    round6[226]. init( "dvbi",0," Vehicle inertial speed  －  m/s", "newton", "out","scrn,piot,com");
    round6[228]. init("psivdx",0, "Vehicle heading angle  －  deg","newton", "init,out", "scrn,plot,com");
    round6[229]. init("thtvdx",0, "Vehicle flight path angle  －  deg", "newton", "init,out","scrn,plot, com");
    round6[230]. init("dbi",0, "Vehicle distance from center of Earth  －  m", "newton", "out", "");
    round6[232]. init("VBED",0,0,0,"Geographic velocity in geodetic coord  －  m/s", "newton", "out", " ");
    round6[234]. init("altx",0,"Vehicle altitude  －  kft", "newtow","diag","");
    round6[235]. init("SBII",0,0,0, "Inertial position  －  m ","newton", "state", "com");
    round6[236]. init("VBSI",0,0,0,"Snertial velocity  －  m/s ","newton","state","com");
    round6[237]. init("ABII",0,0,0,"Inertial acceleration  －  m/s^2 ","newton","save","");
    round6[238]. init("grndtrck",0,"Vehicle ground track on Earth surface  －  m","newton","diag","plot");
    round6[239]. init( "FSPB",0,0,0,"Speci. Fiv force in body coord  －  m/s^2","newton","out","scrn");
    round6[240]. init("ayx",0,"Achieved side acceleration  －  g's","newton","diag","plot");
    round6[241]. init("anx",0, "Achieved nornal acceleration  －  g's", "newton", "diag", "plot");
    round6[242]. init("gndtr kmxn",0, "Ground track  －  km", "newton", "diag", " ");
    round6[243]. init("gndtrnmx",0, "Ground track  －  nm","newtonw, "diag","plot");
    round6[247]init("mfreeze－newt","int",0,"Saving mfreze value  －  ND","newton", "save","");
    round6[248]init("dvbef",0,"Saved speed when mfreeze＝1  －  m/s", "newton", "save","");
}
```

CodeEx A.2　def_newton（）模块详细定义

轨迹初始化在 init_newton（）中进行，详见 CodeEx A.3。实际计算为两条虚线之间的内容。在以下这个简短的例子中，惯性位移矢量 SBII－a 的 3×1 矩阵是从输入计算得到：lonx，latx，alt，并给出其对应的绝对值 dbi。这些都可以从 newton 模块的结尾得到。

```
void Round：：init_newton()
{
    //局部变量
    ………………
    //局部模块变量
    double dbi(0)；
    Matrix 5B11(3,1)；
    ………………
    //定义模块变量
    //输入数据
    double lonx＝round6[219]. real()；
    double latx＝round6[220]. real()；
    double alt＝ round6[221]. real()；
    ………………
    //其他模块的输入
    double time＝round6[0]. real()；
    ………………
    //———————————————————————
    //转换大地经度,纬度,高度到 SBII
    SBII＝cad_in_geo84(lonx * RAD, latx * RAD, alt, time)；
    dbi＝SBII. absolute()；
    ………………
    //———————————————————————
    //加载模块变量
    round6[230]. gets(dbi)；
    round6[235]. gets_vec(SBII)；
    ………………
    //输出到其他模块
    ………………
    }
```

CodeEx A. 3　init _ newton () 中的轨迹初始化

　　在初始化之后，进入积分回路，在每一个积分步长中调用 newton ()。CodeEx A. 4 提供了调用方式，主要给出加速度 ABII 到惯性速度 VBII 和惯性位置 SBII 两种积分方式。积分函数采用的是一种改进的欧拉中点格式，即通过对前一状态和当前状态的微分平均值进行积分，从而获得飞行器状态变量。

```
void Round6：：newton(double int_step)
{
    //局部变量
    ………………
```

```
    //局部模块变量
    Matrix FSDB(3,1);
    //初始化
    Matrix TGI= round6[231].mat();
    //输入数据
    //状态变量
    Matrix SBII=round6[235].vec();
    Matrix VBII=round6[236].vec();
    Matrix ABII=round6[237].vec();
    //其他模块输入
    double time=round6[0].real();
    Matrix GRAVG=round6[62].vec();
    Matrix TBI=round6[121].mat();
    Matrix FAPB= round6[200].vec();
    double vmass=hyper[15].real();
    //————————————————————————————
    //飞行器加速度积分
    FSPB=FAPB * (1./vmass);
    Matrix NEXT ACC=~TBI * FSPB+~TGI * GRAVG;
    Matrix NEXT_EL=integrate(NEXT_ACC,ABII,VBII,int_step);
    SBII=integrate(NEXT_VEL,VBII,SBII,int_step);
    ABII=NEXT_ACC;
    VBII=NEXT_VEL;
    //————————————————————————————
    //加载模块变量
    //状态变量
    round6[235].gets_vec(SBII);
    round6[236].gets_vec(VBII);
    round6[237].gets_vec(ABII);
}
```

CodeEx A.4　newton（）模块平动方程积分

注意 C++的能力！运动方程的矩阵编程在引入坐标系统后，可从坐标系统的张量公式推导而得。作者通过创建 Matrix 类成员的矩阵实用程序使得这些变成可能。这些实用程序是专为航空航天应用而定制的，其中绝大多数是双精度型的 3×1 矢量和 3×3 矩阵。

这种优势也延伸到积分中。integrate（…）函数是为加载标量和矩阵积分服务的。而在过去的时间里，运动的方程则必须以标量形式来进行编程。

作者所采用的积分方案很简单，可以在代码中排成一列。因为它是一个单步算法，每个仿真周期以仿真步长为间隔对代码进行一次积分。但由于斜率是前一时刻和当前时刻的斜率的平均，是一个三分之一阶的积分方案，其准确性与 Heun 的预估一校正方法相似，必须通过对代码进行两次循环积分。

当进行一个仿真时，必须先检查积分准确性。通常情况下，都是姿态动力学积分率先发散，所以采用机体相对于惯性坐标系的变换矩阵 TBI 作为标识。它是一个正交矩阵，其行列式的值是 1。乘以其转置后是一个单位矩阵。任何偏差都是由于计算误差和积分误差构成的。CodeEx A.5 显示了代码片段。

```
//标准正交化 TBI
Matrix EE=UNIT-TBI*~TBI;
TBI=TBI+EE*TBI*0.5;
//TBI 正交检查
double el=EE.get_loc(0,0);
double e2=EE.get_loc(1,1);
double e3=EE.get_loc(2,2);
ortho_error=sqrt(el*el+e2*e2+e3*e3);
```

CodeEx A.5　积分误差的正交误差测量

变量 ortho_error 用于 CADAC++ 和控制台的显示。矩阵范数的偏差来源于单位矩阵。E-6 或较小的值都是可以接受的。无论是计算不稳定性或动态不稳定性，都可能会产生较大的值而导致发散。通过降低积分步长 int-step 和 ortho-error 可提高系统的稳定性，除非飞行器的动态特性是不稳定的。

多个封装的飞行器对象

CADAC 重写是通过允许 C++ 调用封装飞行器对象这个独一无二的特点来实现其目的。封装意味着将数据和函数结合在一起，同时限制外部访问。气动特性、推力特性数据与其所兼容插值函数和多个其他函数结合在一起，适用于导弹和飞机等目标飞行器。反过来，这些对象是来自共同的抽象基类 Cadac 的类层次结构创建的。

CADAC 的类层次结构取决于特定的仿真。例如，本书的 ROCKET6G 由单个分支 Cadac←round6←Hyper 组成，Round6 模型的运动方程在 WGS84 地球和火箭助推器的超声速模型之上。更精细的导弹作战仿真有多个分支。其主要分支代表高逼真的六自由度导弹模型 Cadac←flat6←Missile。同时，其支持的飞行器分支还有 Cadac←flat3←Target 和 Cadac←flat3←Recce，对应的是三自由度的目标飞行器和侦察机。另一个例子，五自由度的巡航导弹仿真在旋转的圆形地球有三个分支：Cadac←round3←Cruise，Cadac←round3 ←Target 和 Cadac←round3←Satellite。

飞行器对象，在各自的类中声明，而在运行时基于 C++ 的多态融合的能力创建。多态性（多种形式，一个接口）通过使用继承和析构函数来建立一个所有飞行器对象的飞行器列表，其可以是六自由度的火箭或导弹、三自由度的目标飞行器或卫星。在运行时，这种飞行器列表循环在每个积分步长计算各自的飞行器参数。

Vehicle 类有利于运行时多态性。它有一个指向类 Cadac 的指针数组的私有成员指针 ** vehicle_ptr，其存储了指向所有飞行器对象指针。同时还声明偏移算子 Cadac * operator［］（int slot），返回指向飞行器对象位于飞行器列表的偏移量。

在 main（）中，对象 Vehicle vehicle－list（num＿vehicles）被创建和初始化，构造函数为指针数组分配内存。

vehicle＿ptr＝new Cadac＊［num＿vehicles］；

然后，全局函数 Cadac＊set＿obj＿type（…）查询输入文件 input. asc 的关键词来识别飞行器类型，如 HYPER6，MISSILE6，TARGET3，RECCE3 等。此外，还负责分配内存给飞行器对象，如 Missile，Target，Recce 等，并返回基类 Cadac 指针。这些指针通过 Vehicle 成员函数存储在 vehicle＿ptr［］数组中。

vehicle＿list. add＿vehicle（＊vehicle＿type）；

之后，Vehicle 对象飞行器列表则准备调用偏移算子 operator［］。例如，飞行器具体数据读取从 input. asc 中获得

vehicle＿list［i］－＞vehicle＿data（input）j

其中，i 是第 i＋1 个飞行器对象在 input. asc 文件建立的序列。

以下是逻辑流程的解释。偏移算子 operator［］输入 i，返回第 i＋1 个飞行器的 vehicle＿ptr［i］。尽管 vehicle＿ptr 数组的基类是 Cadac，编译器的指针可以是 Missile、Target 和 Recce 等类派生的。这是运行多态性的优势！

另一个重要的例子是飞行器模块的调用，如气动特性模块

vehicle＿list［i］－＞aerodynamics（）；

如果（i＋1）个飞行器指向的是 MISSILE6，那么调用的是基于 Missile 类的气动特性成员函数 aerodynamics（）。另一方面，如果指向的是 TARGET3，调用的则是 Target 成员函数 aerodynamics（）。

通过运行时的多态性，使用通用的 Cadac 指针数组，任何数量的不同类型的飞行器均可以被调用。这些调用是在初始化和每一个积分步骤执行。这种架构的一个局限是，所有飞行器对象必须在运行开始时便进行实例化。

飞行器组件模块化

CADAC 的一个关键特征便是模块化，其反映的是一个航天航空飞行器的组件结构。正如硬件分为子系统（如发动机，自动驾驶仪，制导和控制），CADAC 仿真分为推力特性、自动驾驶仪等模块。同时还扩展到非硬件模块，如空气动力学、牛顿方程及欧拉方程和环境模块。一一对应确保模块之间的接口界面的简洁。

每个模块是一个抽象基类 CADAC 的纯虚成员函数，并在派生类中重用，其派生类可以是 Round6，Flat6，Flat3、Hyper、Missile、Target、Recce 等。如果派生类不使用特定模块，则该模块将返回空。

模块的调用顺序通过输入文件 input. asc 中的顺序列表来控制。每个模块由四部分组成：定义部分（def），初始化部分（init）、执行部分（exec）和最后调用部分（term）。除了执行部分外，所有被调用只有一次，而执行部分在每一个积分步长将会被调用一次。

Module 结构体包含名称和其他四部分的内容。从 input. asc 中读取，通过全局函数将

模块加载到 module _ list。

　　order _ modules (input, num _ modules, module _ list);

　　在飞行器对象创建时，模块初始化时和每个积分周期，module _ list 查询模块名称。例如，气动特性计算模块的定义发生在飞行器的构造函数中

　　if((module_list[j]. name＝＝"aerodynamics")＆＆(module_list[j]. definition＝＝"def"))

　　def_aerodynamics();

　　而模块的初始化发生在主函数 main () 中

　　if((module_list[j]. name＝＝"aerodynamics")＆＆(module_list[j]. initialization＝＝"init"))

　　vehicle_list[i]－>init_aerodynamics();

　　其中，vehicle _ list [i] 是飞行器对象的指针。在积分过程中，模块直接从 main () 中调用内部的 execute (⋯) 函数

　　if(module_list[j]. name＝＝"aerodynamics")

　　vehicle_list[i]－>aerodynamics();

　　各模块间的数据转换，是通过储存在模块变量中的 Variable 类型数组来完成。每个从基类 CADAC 的派生类对象有其对应名称的数组，如 round6 []，hyper []，flat6 []，mission []，target [] 等。它们是 CADAC 保护成员函数。该数组大小由全局常量 NROUND6，NHYPER，NFLAT6，NMISSILE，NTARGET 等来确定，并且每个模块为其对应数组分配一个索引区。

　　Variable 类声明了模块变量对象。类 Variable 的私有成员函数存储对应的标签、初值、变量类型（int，double，3×1 矢量，3×3 矩阵）、定义和单位，对应值在模块中计算，包括其作用（输入数据、状态变量的积分、诊断、输出到其他模块和数据保存为下积分周期），输出方式（屏幕、绘图文件，通信总线）和两个错误代码。类 Variable 的公共函数包含为整数、双精度、矢量和矩阵变量定义的四种初始化函数 init (⋯)，分别用于模块定义部分的变量定义，例如：

　　missile[110]. init("ca",0, "Axial force coefficient","aerodynamics", "out", "plot");

　　类 Variable 的其他管理的公共函数是在一个模块内读取和加载模块变量。为定义局部模块变量，使用成员函数 integer ()，real ()，vec () 和 mat ()。例如：

　　int mfreeze_newt＝flat6[247]. integer();

　　double grav＝flat6[55]. real();

　　Matrix TBL＝flat6[120]. mat();

　　Matrix FAPB＝flat6[200]. vec();

　　按惯例，标量变量被命名为小写字母，大写字母为矩阵。只有 3×1 矢量和 3×3 矩阵允许使用模块变量。

　　局部模块变量纳入保护矩阵加载使用成员函数 gets (⋯)，gets _ vec (⋯) 和 gets _

mat（…），其中，gets（…）加载是 int 和 double 类型。例如：

flat6［247］. gets(mfreeze_newt);

flat6［248］. gets(dvbef);

flat6［230］. gets_vec(FSPB);

flat6［120］. gets_mat(TBL);

模块变量提供了飞行器对象模块之间的唯一数据传输形式。在文件中，模块变量按顺序记录在 doc.asc 中，包含定义和其他的相关信息。模块变量的标签和数组位置之间，有一个独特的一一对应的关系。任何偏离这条规则的地方都标记在 doc.asc 中。

事件调度

对于航空航天飞行器的飞行轨迹，可以通过几个向目的地飞行的序列事件来表述。例如多级火箭、飞机起飞/巡航/降落、导弹中段和末段拦截等事件。CADAC＋＋中事件是读取模块变量的新值来实现轨迹中断的目的。它们只能对主要飞行器对象进行调度。事件的最大数量是由全局整数 NEVENT 来决定，而每个事件的新模块变量的数量是由全局整数 NVAR 来限制。

一个事件触发是通过 input.asc 中事件块来执行的，开始和结束采用关键词 IF…ENDIF。附加的 IF 是事件执行的标准。它由观测的变量（除了类型矩阵的任何模块变量）、一个关系运算符和一个数值组成。例如：

IF dbt ＜ 8000

mseek 12 // 'int' ＝x2：Enable,　＝x3：Acquisition,　＝x4：Lock module seeker

ENDIF

意味着：如果至目标的距离小于 8 000 m，导引头被启用。支持的关系运算符是＜，＝和＞。

类 Event 定义事件类型对象并创建事件。每个事件的指针存储在 event _ ptr _ list ［NEVENT］，这是飞行器类的一个受保护的成员。该事件类的私有成员存储有关事件信息，如观察变量、关系运算符、阈值和新的模块变量。公共函数是通过"set"和"get"函数来进行数据处理。为了加快运行速度，新的模块变量不是由其名字来存储的，而是由模块变量数组中的偏移量来存储的。因此，新的模块变量通过偏移量索引被直接挑选出来，而不是通过所有的模块变量进行遍历而得到的，这些索引列表也是 Event 类的私有数据的一部分。

主函数 main（）通过飞行器成员函数从 input.asc 中读取事件数据。

vehicle _ list ［i］ －＞vehicle _ data (input);

对于每一个飞行器被"set"为 Event 对象，其指针存储在 event _ ptr _ list 中。

在 execute（…）函数中，观察变量是由飞行器的成员函数 event（…）在每一个积分步长的间隔来实施监测。如果满足一个事件的标准，则模块变量的新值被加载，并且会有一个消息被写到控制台来告知该事件。

事件调度提供了极大的灵活性来塑造一个航空航天飞行器的轨迹。然而，作为一个设计成熟和切换逻辑清晰程序，事件可以在模块中进行编码，在 input. asc 文件的任何事件调度可以完全消除。

全局通信总线

封装的类使得飞行器对象和其他对象互相隔离。C++的此功能是防止飞行器之间直接通信。例如，导弹的目标需要知道目标对象的坐标，以便它的导引头进行跟踪。而导弹如何获取受保护的目标数据呢？

在 CADAC++中叫做 combus 的全局通信总线提供了这个接口。所选的模块变量被存储在 combus 中，因此其他飞行器可以从中下载。要识别这个过程，使用术语发布和订阅。

每个飞行器准备一个模块变量的数据集并发布到 combus。这些模块变量通过关键词"com"来识别其对应定义。例如，vmach 添加到数据集通过以下实现

flat6[56]. init("vmach" , 0 , "Mach number", "environment", "out" ,"scrn, plot , com");

任何飞行器可以订阅任何其他飞行器的数据集，使得整个过程实现方法化。

启用全局类分组。它的一个私有数据成员存储飞行器 ID、飞行器的状态（活、命中、死）、数据集的模块变量的数量和 Variable 类型模块变量数组的指针。每个飞行器对象提供一个数据包给通信数组 combus 的 Packet 类型。位置与飞行器的飞行器列表相同。

在 main（）范围下，通信数组由指针（Packet ∗ combus）创建，动态内存分配由关键字 new（combus＝new Packet［num _ vehicles］）实现，其中数组大小是由飞行器对象的数量决定。在飞行器构造函数中，飞行器成员函数 com _ index _ arrays（）被调用，其收集的模块变量的偏移索引为整型数组。还是在 main（）范围下，combus 的初始化与每个飞行器 i 数据包相关

combus [i]＝vehicle_list [i]－>loading_packet_init(...);

然后，在函数 execute（…）的每一个积分步长，模块变量的值将会更新

combus [i]＝vehicle_list [i]－>loading_packet(...);

每个数据包都有一个模块变量数据组存储在 Variable ∗ data 所指向的数组中。在数据集的存储序列决定模块变量被读取的顺序。模块顺序定义在输入文件 input. asc 中。这个序列对于接收过程是重要的。

变量的接收发生在模块中。例如，跟踪目标的导引头必须接收目标位置和速度。首先，目标 ID 是由字符串"t"和目标的后几位构成。然后 combus 搜索数据包并下载数据集。

data_t＝combus[i]. get_data();

知道目标位置和速度矢量的偏移索引是 1 和 2，就可以被接收。

Matrix STEL＝data_t[1]. vec();

Matrix VTEL＝data_t[2]. vec();

现在目标对象的 STEL 和 VTEL 是导弹对象的局部变量，可供导弹导引头使用。

在数据集中的模块变量的数目是不受限制的。如果你不确定存储顺序，你可以通过选择 y _ comscrn 标签计数找到它。然而，要注意的是，矢量的三个组成部分的计数仅作为一个标签。

查表

气动特性和推力特性表格是航空航天仿真中的重要任务。气动特性系数通常是攻角和马赫数的函数。有时它们也被表示为高度和控制舵面偏转的函数。推力特性数据可根据推力特性的类型进行调整。对于火箭发动机，简单的推力表可能就足够了。涡轮喷气发动机和冲压发动机由喷管、马赫数来决定，有时与攻角有关。

用于描述系统的变量越多，表的复杂度越高。由于运行时间方面的考虑，表格维度很少高于 3。CADAC＋＋查表方案支持多达 3 个维度和离散表条目之间的线性插值。它将数据层作为单独的文件保存，这样根据需要使其得到适当的保护。

表的处理是由两个类来完成的，即 datadeck 和 Table。类 datadeck 有一个私有成员 ＊＊ table _ ptr，这是一个指向类 Table 指针的指针，包含指向所有表格的数据层的指针。在飞行器范围下，内部保护访问说明符，由对象 Datadeck aerotable 和 Datadeck proptable 声明并由指针 Table ＊ table 来进行。在执行过程中，有两个不同的阶段发生：载入表格和提取插值。

当文件 input. asc 通过函数被读取时开始加载表格的内容

void input_data(fstream &input)

当关键词 AERO－DECK 和 PROP－DECK 结合在一起便形成了文件名，然后调用 read _ tables（file _ name，aerotable）和 read _ tables（file _ name，proptable）并执行函数的代码

void read_tables(char ＊ file_name, Datadeck &datatable)

当调用一个文件名，则返回 Datadeck 类型的参考数据表对象。在内部，read _ tables（…）打开数据文件，首先分配动态内存给指针数组（通过 ＊＊ table _ ptr 指向对象 Datadeck aerotable 的私有成员），然后指向表对象（指向表格）和它的数据矩阵。最后通过 read－tables（…）函数为每个表格读入数值并返回空。函数 input－data（…）和 read－tables（…）都是在主飞行器对象的范围下进行操作。

提取模块中插值所获得值。Datadeck 的对象 aerotable 或 proptable 声明飞行器主要的对象，给公用 Datadeck 成员函数提供访问。

double look_up(string name, double valuel, …)

为 1、2 和 3 个独立变量进行三次加载。一个从气动特性模块的二维表中查找的典型例子是

double cm＝aerotable. look_up("cm_vs_elev_alpha", delex, alphax);

它返回的是内插值。调用 look _ up（…）去初始化 Datadeck 的其他两个成员函数。然后通过 interpolate（…）线性插值获得离散值，并将插值结果反馈给 look _ up 函数执行返回操作。首先，在 find－index（…）中，根据索引的独立变量在表格入口进行二元搜

索。然后，在 interpolate（…）中进行线性插值，并将插值所获的值返回给 look - up（…）函数。

　　AERO DECK 或 PROP DECK 中表格的增加或删除通过在加载表格内容时自动调整。如果一个仿真需要一个不同类型的数据表（例如，天线方向图）必须做四件事：1）给数据表格创建一个 ASCII 文件 antenna _ data. asc；2）通过关键字识别文件名，如 input. asc 文件中 ANT _ DECK；3）在 main vehicle 的类 antennatable 中声明额外 datadeck 对象；4）在 input _ data（…）中进行赋值。

　　蒙特卡洛能力

　　高逼真仿真使用随机变量模拟噪声、干扰和不确定性现象。如果运行一次，它代表的是随机变量总量中的一个实现。要做一个完整的随机分析，必须做多次重复的仿真，并从散布中绘制每一个不同的值。这个过程可以是自动化的，被称为仿真的蒙特卡洛仿真能力。

　　随机变量可能需要在初始化（例如，导引头偏差）或在仿真运行过程中（例如，导引头噪声）施加。CADAC＋＋支持两种模式。其分布形式可通过 input. asc 文件大写关键词 UNI，GAUSS，RAYL，EXP 和 MARKOV 来进行辨识，前四个只用于初始化。MARKOV 模型的马尔可夫历程与高斯分布和事件具有相关性，它在每个积分周期被调用。

　　初始化一个蒙特卡洛仿真，关键词 MONTE 有 2 个参数被插入到 input. asc 中选项中。第一个参数是重复仿真次数，第二个是随机数种子。如果重复数设置为零，则使用分布的散布平均值执行一次仿真。

　　在 input. asc 中识别的随机变量，为调用飞行器对象函数作准备

　　vehicle_data(fstream &input, int nmonte)；

　　对于初始化变量，其对应的值根据其散布一直保持为常数，直到下一条轨迹初始化。模块变量辨识通过对 MARKOV 初始化获得，其高斯分布储存在 markov _ list，包含 Markov 的类型和全局整型变量 NMARKOV 的大小。如果 nmonte ＝ 0，则选择平均值。

　　Markov 类处理马尔可夫数据的存储。它声明一个私有成员存储马尔可夫过程的标准差、时间相关值和其数组模块变量的索引。Markov 类的 markov _ list 是 Cadac 类层次的一个受保护的成员。因此，每一个飞行器对象都有其随机抽取的马尔可夫变量。

　　对于每个飞行器，在每一个积分步长，马尔可夫噪声函数在函数 execute（…）中被调用。

　　Vehicle_list[i]－＞markov_noise(sim_time, int_step,nmonte)；

　　这个函数从马尔可夫列表中下载 Markov 数据，并调用该实用函数 markov（…）刷新其对应的值。

　　因为马尔可夫噪声是一阶相关过程，当前值取决于以前的值。因此，在 Markov 类中有一个规定，为下一个周期存储当前值。

　　随机分析是航空航天飞行器性能评价的一个重要方面。CADAC＋＋支持所有飞行器

随机初始化，但为飞行器保存马尔可夫过程。为方便后处理，飞行器的随机数据是通过执行 OPTION y_stat 后写入 stat.asc 文件。

矩阵的实用操作

现代编程使用矩阵运算，无论什么地方都尽可能使用简洁的代码，来消除由协调方程引起的错误。CADAC++有一组丰富的矩阵运算操作，它们是 Matrix 类的公共成员。这个类是针对飞行动力学特殊需求。当然，也牺牲了计算效率。不同于使用模板类，特别是 STL 的矢量容器类，CADAC++矩阵操作被限制为 double 类型的变量。

类 Matrix 声明一个包含矩阵尺寸的私有指针 * pbody 指向矩阵。在公共访问区域中声明的 48 个矩阵操作，它们由 30 个函数和 18 个重载操作符组成。

在下面的例子中，大写的变量是数组，小写的名称是函数或标量。

Matrix AAPNB＝TBLC * WOELC. skew_sym() * UTBLC * gnav_mid_pn * dvtbc；

这个例子计算（3×1）加速度矢量 AAPNB 由视线变化率 WOELC 而得。下面的例子是计算滤波器的 8×8 的增益矩阵

Matrix GK＝PMAT * ～HH * INV. inverse()；

最后，这 3×1 加速度计误差由下式确定

Matrix EAB＝ESCALA. diamat_vec()＋EMISA. skew_sym()；

注意结合使用矩阵运算符的无限可能性。

矩阵变量是通过指定它们的名称和尺寸，例如，Matrix MAT（3，6）来创建的。构造函数分配动态内存给矩阵指针 * pbody，并且给其所有元素都赋值为 0。操作符通过利用 pbody 和其所指向的算法来实现各种矩阵运算。这些操作重新创建一个矩阵并返回 * this，操作符返回重新计算的对象，即最初创建和初始化的对象，例如：

Matrix UNIT(3,3)；

UNIT. identity()；

矩阵的实用程序有一个全套的重载操作符。赋值操作符需要一个复制构造函数，以提供一个完全拷贝的对象，保证新的对象有它自己的内存分配，当对象被破坏时，它是可回收的。

偏移操作符［］还可重载访问矩阵数组的元素。然而，这仅适用于一维矩阵，因为二维矩阵需要超过一个以上的偏移算子。这些情况下，必须使用矩阵函数 assign_loc（…）和 get_loc（…）。

文件和错误检查

自编文档是任何仿真的重要组成部分。占有重要地位的是用于输入/输出的变量，模块之间的接口和那些特别重要的诊断。所有这些被称为模块变量。一个模块的变量的描述只在 def_module 函数中发生一次。这是用来描述输入文件 input.asc，并在输出文件 doc.asc 中创建一个所有模块变量的列表。文档 input.asc 是自动生成的，只要 OPTION y_doc 被选择，文件 doc.asc 就会被创建。

CADAC 错误检查特别关注的是 input.asc 文件的格式正确性、强制执行，模块变量

名的数组位置和模块变量名的一一对应。其他检查确保矩阵操作是在兼容矩阵上进行的，并且文件流打开是正确的。

Document 类是用来使模块变量的描述可用。它的私有数据本质上是 Variable 类的一个子集。它们存储每个模块变量的名称、类型、定义和模块。在 main () 范围下，在初始化过程中，每个飞行器对象的 Document 类型阵列被创建，随后是函数调用 document ()。

vehicle_list[i]−>document(fdoc，title，doc_missile6);

在飞行器对象范围下，这个函数写入 doc. asc 每个模块变量格式化信息并辨认模块变量数组的空位置。在相同的范围，input. asc 如果选择 OPTION y_doc 进行记录。

document_input(doc_missile6，doc_target3，doc_recce3);

此函数在全局范围内运作。它采用型文档的阵列提取模块变量描述和补充其后面的变量的数值。如果找不到匹配的名称，它会输出一个错误信息。

违反一对一的对应规则，Document 和 Variable 类将共同运作。在 Variable 类的私有字符串 error [2] 保存有错误代码（* 或 A）。

在初始化期间，由于 init () 的模块函数被调用，则检查其值是否为空和可获取一个新的变量值。如果没有，则设置错误代码 "*"。当 document () 写入输出文件 doc. asc，模块变量数组进行重复名称检测。如果发生这种情况，将设置错误代码 "A"。两种代码均插入 doc. asc 文件的第一列，并发送一个警告消息到控制台。

一个特定的仿真介绍已完成，如果模块、input. asc 和 doc. asc 文件合并在一个文件。这将使那些熟悉 CADAC＋＋框架的人，很容易学习，运行并了解仿真。

A. 3. 3 CADAC4

CADAC4 是可从 AIAA 网站获取的软件。它包含了所有最初的 FORTRAN 程序和具有绘图功能的 CADAC Studio。从 AIAA 网站下载 CADAC4，将会在作者的教材 Zipfel（2014）中找到说明。

随着在工程界对 C＋＋仿真越来越大的偏好，CADAC4 扩展了 FORTRAN 仿真的 C＋＋版本。这些 C＋＋仿真，现在包括 CADAC4，在编写时与所有微软的 Visual C＋＋编译器的最新版本的 Express 版本 12 兼容（2013），连同 CADAC Studio，能很好地在基于 Windows 的个人电脑上执行（32 或 64 位）。

表 A－7 总结了 CADAC4 中可用的 C＋＋仿真。在此你会发现所有不同逼真度的仿真，如三自由度、五自由度和六自由度。有些是建立在平面地球模型、球模型、旋转的地球模型和最先进的椭球模型——即 WGS84 椭圆和旋转的地球，就像前文中 ROCKET6G 仿真。澄清一下，ROCKET6 是 ROCKET6G 的较早版本。如果喜欢作者的介绍，你也可能会对 GHAME6 仿真感兴趣，它具有一些先进的特点，可以对作者在这里介绍的内容进行进一步挑战，具体过程是：高超声速飞行器离开地面，释放一个轨道转移飞行器，之后，轨道转移飞行器发射一个拦截器与空间站完成交会。

表 A-7　CADAC4 的 CADAC++仿真

自由度	名称	类型	地球模型	特点
3	GHAME3	NASA 高超声速飞行器	旋转圆球	阻力极曲线,多阶段
5	AIM5	防空导弹	平面大地模型	配平气动数据表,火箭助推器
	CRUISE5	亚声速巡航导弹	旋转圆球	阻力极曲线,涡轮喷气发动机
6	SRAAM6	短程空空导弹	平面大地模型	六自由度气动数据表,火箭助推器
	FALCON6	F-16 飞机	平面大地模型	气动数据表,涡轮喷气发动机
	GHAME6	NASA 高超声速飞行器	WGS84	气动数据表,多阶段,蒙特卡洛
	ROCKET6	三级入轨助推器	WGS84	入轨,蒙特卡洛
	MAGSIX	马格努斯水平旋翼	平面大地模型	轨迹,姿态动力学

A.3.4　结论

　　CADAC 从 FORTRAN 到 C++的转换已基本完成。在 13 年的时间里,一些仿真进行了升级并创建了新的模型。CADAC Studio 也经历了使其与 C++输出兼容的修改。CADAC++框架在佛罗里达大学和美国空军研究实验室的许多仿真项目中得到运用,其概念探索、技术评估和任务水平研究均是无价的。此外,其他行业,学术和政府机构也受益于 CADAC++框架的开放源代码的可用性。

A.4　Peter H. Zipfel 的其他出版物

　　针对快速发展中的各类航空航天飞行器,此书汇集了所有飞行动力学相关方面的内容。和其他书不同的是,此书根据坐标转换下的形式不变性,采用张量对飞行动力学建模。计算时,张量转化为矩阵,形成简洁的计算代码。

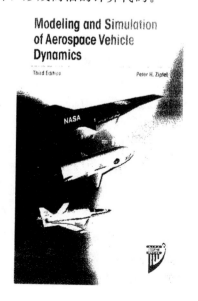

　　此书利用 C＋＋自学习过程的优势进行航天器仿真，并利用 C＋＋多目标特征的长处对受卫星和目标影响的 UAVs 进行建模。构建对 C＋＋的基本认识，熟悉飞行动力学，你会在佛罗里达大学进行学习，学习 PPT 表达，以及做作业。16 个实验室，被分成 32 个训练单元，带来了生命的多态性，遗传性，然后进行封装的动手试验增加至 27 个更为复杂的仿真。在 38 个习题中，你可以使用你的技巧，与提供的解决方案进行比对，验证你的进步。

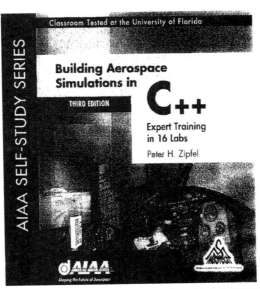

　　在这里，你可以学习一门关于高保真航天器 M&S 的高级课程，并且不需要坐在佛罗里达大学的课堂上。学生和老师，都可以使用这个课程来进行简单轨迹下的飞行器和导弹的飞行控制仿真。假定你熟悉航天系统，13 个训练单元将教你飞行结构、空气动力学、推进力、自动导引的弹头、制导和控制，同时还有仿真的具体说明。你可以跟着专家的脚步，建立、分析和证明每一步的仿真直到完成。

　　AIAA 关于建模和仿真的自学习系列的最终结果是高逼真航天器仿真的过程。如果你对我之前的出版物熟悉，或者你在 M&S 中全职工作，你可以从这个以 C++语言编程的高级航天系统的相关培训中获利。在 20 个实验室中，你可以学习如何在 WGS84 旋转椭球下建立六自由度运动方程，并学习空气动力学、推进力和高超声速飞行器飞行控制。这样你可以将飞行器转移轨道，在空间站的集合点或拦截卫星时释放拦截机。

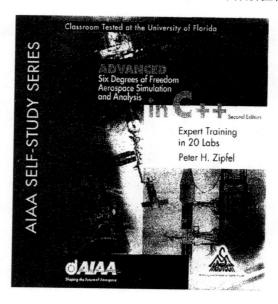